高职高专规划教材

构件化网站开发教程

主　编　王世安

副主编　王玉贤　李翠平　鄢丽娟

北　京

冶金工业出版社

2010

内 容 提 要

本书根据高技能人才培养需求，通过与企业合作开发设计，把职业岗位技能需求和网站开发工作过程系统化，按照"明确目标—实际操作—原理认知—技能拓展"的职业认知规律编排。

本书以"紫日茶叶公司"网站项目为主线，采用构件化软件开发方法，介绍了网站开发的知识。全书共分 8 章，也是网站开发的 8 个学习领域。本书以网页制作三剑客软件和常用网站构件为基础，介绍了网站需求与规划、网站图片素材的处理、网站动画素材的处理、网页的制作与编辑、网站管理系统构件的使用、网站论坛构件的使用、网站商城构件的使用、网站的测试与发布等内容。读者可以利用书中提供的可复用构件开发符合需求的网站系统。

本书开发了配套的精品课程网站（http://www.gdsspt.net/site），提供与本书配套的课程标准、电子教案、各章素材、技能实训案例、常用网站构件、考核方案及试题库等相关资料。本书可作为高职高专网站开发课程的教材，也可作为网站开发的培训教材，还可作为网站开发爱好者的参考书。

图书在版编目（CIP）数据

构件化网站开发教程 / 王世安主编. — 北京：冶金工业出版社，2010.2
高职高专规划教材
ISBN 978-7-5024-5117-2

Ⅰ.①构… Ⅱ.①王… Ⅲ.①网站—开发—高等学校：技术学校—教材 Ⅳ.①TP393.092

中国版本图书馆 CIP 数据核字（2009）第 235603 号

出 版 人 曹胜利
地 址 北京北河沿大街嵩祝院北巷 39 号，邮编 100009
电 话 （010）64027926 电子信箱 postmaster@cnmip.com.cn
责任编辑 陈慰萍 美术编辑 李 新 版式设计 张 青
责任校对 石 静 责任印制 牛晓波
ISBN 978-7-5024-5117-2
北京兴华印刷厂印刷；冶金工业出版社发行；各地新华书店经销
2010 年 2 月第 1 版，2010 年 2 月第 1 次印刷
787mm×1092mm 1/16；13.75 印张；362 千字；206 页；1—2500 册
29.00 元

冶金工业出版社发行部 电话: (010)64044283 传真: (010)64027893
冶金书店 地址: 北京东四西大街 46 号(100711) 电话:(010)65289081
（本书如有印装质量问题，本社发行部负责退换）

前　言

传统网站开发类课程分为静态网站设计开发与动态网站设计开发两大部分，并且一般分设在两个学期里，占用较大的课时比例。由于学习时间较长，学生从开始时的兴趣盎然时期进入学习疲惫期，多数学生完成课程后仍然不能开发出符合需求的网站系统，达不到高等职业技术教育能力培养的要求。分析其原因主要是课程内容设置不合理，教学中没有以实际项目为载体，未能突出学生能力培养。

本书是构件化网站开发精品课程的配套教程，是根据高等职业教育的发展，同时考虑教高 2006[16]中关于"高等职业院校要积极与行业企业合作开发课程，根据技术领域和职业岗位（群）的任职要求，参照相关的职业资格标准，改革课程体系和教学内容。建立突出职业能力培养的课程标准，规范课程教学的基本要求，提高课程教学质量"的要求，通过与企业的深度合作，分析网站开发的典型工作任务和职业能力，归纳出职业行动领域，通过行动领域构建学习领域而形成的。本书按照"明确目标—实际操作—原理认知—技能拓展"的职业认知规律编排，突出对学生的专业职业技术能力的训练。本书内容的选取紧紧围绕工作任务完成的需要来进行，同时又充分考虑了高等职业教育对理论知识学习的需要，并融合了相关职业资格考试对知识、技能和态度的要求。基于此，本书选取网站开发典型工作任务形成 8 个学习领域，以实际网站项目为主线，采用构件化软件开发方法，每个学习领域都以项目为载体设计的活动来进行，以工作任务为中心整合理论与实践。

基于构件的软件开发方法（CBD，Component Based Development）是目前软件开发的主流开发方法，网站开发技术经过多年的积累，目前已形成了很多成熟可复用的构件。传统课程采用基于代码编写的开发技术，教师在代码编写方面要花费很多时间和精力，学生也感到疲惫不堪，进而失去对网站开发的学习兴趣，甚至望而生畏，学生完成整个课程的学习，仍无法完成网站项目的开发。本书从内容选择上改变传统基于代码编写课程的内容选择模式，选用成熟可复用的构件（如网站管理系统构件、网站论坛构件、网上商城构件等）训练学生快速搭建满足需求的网站。在本书以实际项目"紫日茶叶公司"为主线，在课程网站 http://www.gdsspt.net/site 上可以查看该项目的演示，同时课程网站提供了与本书配套的课程标准、电子教案、各章素材、技能实训案例、常用网站构件、考核方案及试题库等相关资料。本书第 2 章以 Fireworks 8.0 为基础，第 3 章以 Flash 8.0 为基础，第 4 章以 Dreamweaver 8.0 为基础，所有操作均可利用以上软件完成。

　　本书第 1、5、6、7、8 章由王世安编写，第 2 章由王玉贤编写，第 3 章由李翠平编写，第 4 章由鄢丽娟编写。全书由王世安负责统稿，除此之外，广东松山职业技术学院计算机系的胡开明、吴洲、刘有生、陈素燕等也参与了本书的资料整理与收集工作。

　　本书在编写过程中得到多方人士的帮助与支持：课程合作企业广东韶关友迪资讯公司副总经理欧阳伟、广东韶关钢铁集团公司信息部高级工程师余国武、广东韶关力煌商业发展有限公司的首席执行官吕立提供了职业岗位任职要求和职业相关标准和部分构件，并对本书初稿提出了许多有益的意见。在此，向他们一并表示感谢！

　　由于水平所限，书中不足与疏漏之处，恳请读者批评指正。

编　者

2009 年 10 月

目　录

1 构件化网站需求与规划

1.1 "紫日茶叶公司"网站浏览

1.1.1 学习目标

1.1.1.1 知识目标
了解 IP 地址和域名的概念、静态网页与动态网页的区别、网站服务器知识。

1.1.1.2 技能目标
能使用 IIS 浏览网站。

1.1.2 "紫日茶叶公司"网站服务器配置

（1）在 D 盘下建一个目录 test2，将从 http://www.gdsspt.net/site 中的"资源下载"中下载的"第 1 章素材"里的 test2.rar（"紫日茶叶公司"网站）解压到这个新建的目录下。

（2）打开"控制面板"，在"性能和维护"下的"管理工具"中找到"Internet 信息服务（IIS）管理器"（如果不能找到请参看 1.1.3 节内容），点击打开，如图 1-1 所示。

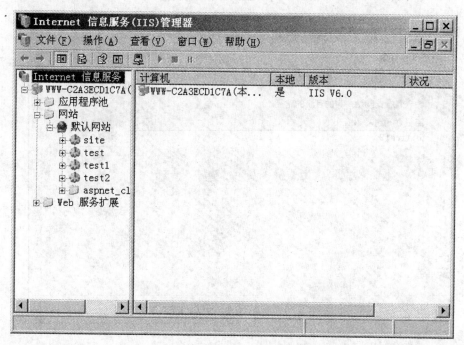

图 1-1　Internet 信息服务（IIS）管理器窗口

（3）在"Internet 信息服务（IIS）管理器"的"默认网站"上单击右键，选择"新建"→"虚拟目录"，打开虚拟目录对话框，点击"下一步"。

（4）在图 1-2 所示对话框的"别名"中输入"test2"，点击"下一步"，出现如图 1-3 所示对话框。选择网站所存放的位置路径，这里选择"D:\test2"，继续"下一步"。

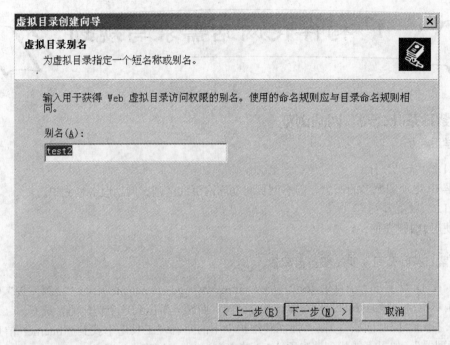

图 1-2　输入虚拟目录名对话框

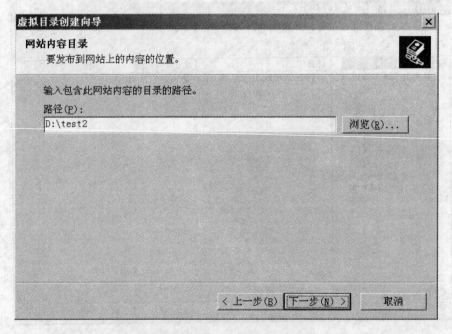

图 1-3　网站内容目录选择对话框

（5）出现如图 1-4 所示对话框，设置虚拟目录权限为"读取"和"运行脚本"。

（6）点击"下一步"完成网站的服务器配置。

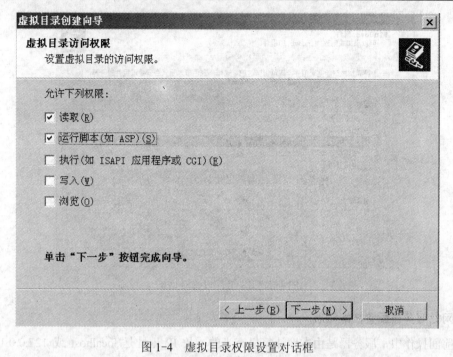

图 1-4 虚拟目录权限设置对话框

（7）打开 IE 浏览器，在地址栏输入地址"http://localhost/test2/index.asp"或"127.0.0.1/test2/index.asp"，可以看到"紫日茶叶公司"网站。

1.1.3 网站开发相关知识

1.1.3.1 IP 地址和域名

（1）IP 地址。在 Internet 上连接的所有计算机，从大型机到微型机都以独立身份出现，称之为主机。为了实现各主机间的通信，每台主机都必须有一个唯一的网络地址。网络地址是一台计算机唯一的标识，这个地址就称为 IP（Internet Protocol）地址。

（2）域名。域名标识了一个用户所属的机构、所使用的主机或节点机。域名的命名方式称为域名系统，域名必须按 ISO 有关标准进行。在机器的地址表示中，从右到左依次为最高域名段、次高域名段等，最左一个字段为主机名。例如，在 cs.jnu.edu.cn 中，最高域名为 cn，次高域名为 edu,最后一个域名为 jnu，主机名为 cs。

1.1.3.2 认识网页与网站

网页的学名称作 HTML 文件，是一种可以在 www 网上传输，并能被浏览器识别和翻译，以页面显示出来的文件。HTML 的意思是"Hypertext Markup Language"，中文翻译为"超文本标记语言"。"超文本"就是指页面内可以包含图片、链接，甚至音乐、程序等非文字的元素。网页就是由 HTML 语言编写出来的。

网站就是网页的集合。

1.1.3.3 IIS 的使用

如果操作系统没有安装 Internet 信息服务（IIS）管理器，那么就需要自己安装。安装方法是：打开"控制面板"→"添加或删除程序"→"添加/删除 Windows 组件"，勾选"应用程序服务器"组件（Windows Server 2003 版，其他版本见相关帮助说明），如图 1-5 所示。按向导要求，插入 Windows 安装盘即可完成安装。

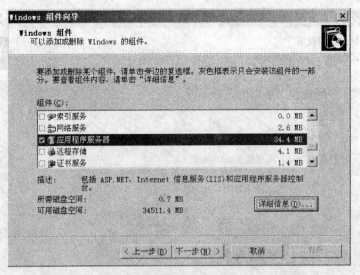

图 1-5 IIS 组件设置对话框

1.1.4 网站服务器配置技能拓展

在前面操作中，服务器是由本地计算机充当的，故 IP 地址是 localhost 或 127.0.0.1。如果在局域网中，如何设置网站 IP 地址呢？

要在局域网的服务器上配置网站，使其他客户端能够浏览到网站，需要正确设置服务器的 IP 地址。设置方法是在"Internet 信息服务（IIS）管理器"的"默认网站"上单击右键，选择"属性"，打开如图 1-6 所示对话框，选择"网站"选项卡，在 IP 地址中选择或输入服务器的 IP 地址即可，其他操作同前面一样。例如，服务器局域网 IP 地址是 192.168.8.129，那么客户端浏览"紫日茶叶公司"网站的方法就是在 IE 浏览器的地址栏输入"192.168.8.129/test2/index.asp"。

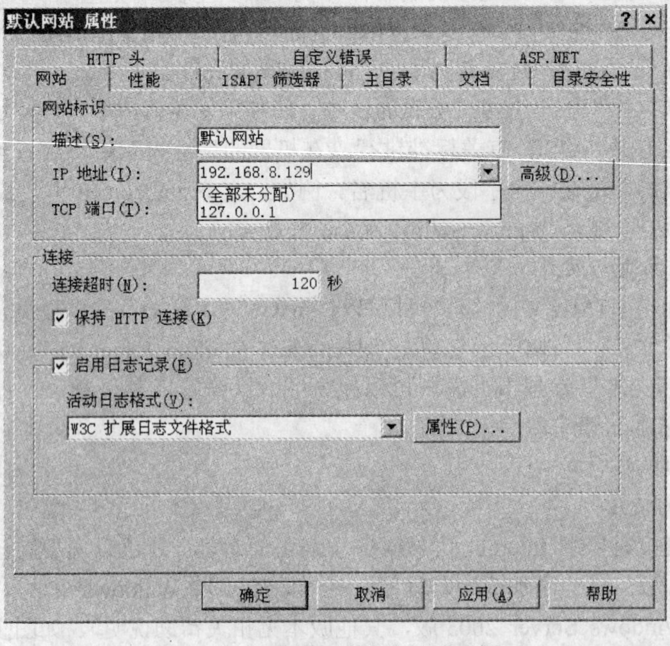

图 1-6 网站 IP 地址设置对话框

1.2 "紫日茶叶公司"构件化网站规划方案

1.2.1 学习目标

1.2.1.1 知识目标

（1）了解网站需求分析知识。

（2）初步了解基于构件的软件开发（CBD）。

（3）了解网站规划知识。

1.2.1.2 技能目标

学会编写构件化网站规划方案。

1.2.2 网站规划方案设计

1.2.2.1 方案简述

紫日茶叶公司是一家从事茶叶生产销售的企业。为了顺应当今企业电子商务的发展趋势，公司迫切需要建立一个功能完善、特色鲜明的网站，期望借助网络平台，建立良好、顺畅的客户互动交流机制，了解客户需求，提高服务质量，降低运营成本，实现公司的多元化经营，增强公司的综合竞争力。该公司委托构件化软件公司对网站的整体建设方案进行策划。

经过深入的行业调研与分析，并充分考虑企业的需求与现状，构件化软件公司在精心的研究和讨论后提出了网站的构件化解决方案，通过对既有软件构件的组装快速搭建和构造网站。基于网站业务需求的分析，通过对国内外相关商业和开源构件的搜索与评估，构件化软件公司向企业用户推荐了一系列优质软件构件，主要包括网站后台管理构件、在线咨询构件、客户论坛构件、网上商城构件等。

1.2.2.2 系统功能

紫日茶叶公司网站分前台和后台两部分，前台是用户浏览的页面，后台是对前台页面内容的管理。前台功能如图 1-7 所示。前台各个子页面的实现由后台统一管理生成，无须单独设计。

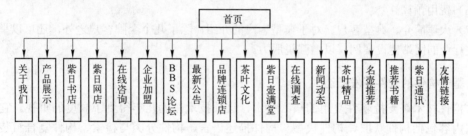

图 1-7　前台功能

后台功能如图 1-8 所示。后台由网站管理系统构件、论坛构件、网站商城构件组成，实现对网站的管理。

图 1-8　后台功能

1.2.2.3 方案特点

采用构件化的解决方案，系统灵活性较强，可以快速适应业务需求的变化，实现随需应变，主要体现在：

（1）重视顾客的意见反馈，掌握顾客的需求。

（2）透视目标人群未来的需求走向。

（3）提供网上交易，良好的客户体验。

（4）灵活强大的后台管理。

1.2.3 网站规划方案书写流程

（1）需求分析。根据客户的行业特征、业务范围、客户需求及网站设计的目的，具体分析确定包括网站形象定位、网站功能定位、目标访客定位、信息结构设计、导航体系设计、栏目设置、页面总量等内容。

（2）网站项目目标。介绍通过网站建设项目的实施所要达到的预期目标，内容要围绕客户的实际需要、长期规划、发展战略等，以能够为客户解决多少问题、为客户带来多少实际利益为方向。

（3）网站栏目结构。通过对客户需求的充分了解、对比客户推荐的网站、参考客户原来的网站，结合自己的经验，为客户规划整个网站的结构，绘制网站栏目结构图，对于其中的动态栏目或推荐栏目，可以采用其他颜色背景，使阅读更加方便。

（4）网站功能说明。在确定好网站栏目后，需要对每个栏目进行说明，栏目说明原则是以动态模块为主、静态栏目为辅。

对动态模块的介绍原则是功能介绍为主，页面设计、结构、风格为辅。在对网站动态栏目的介绍中，除了要有功能文字说明外，还需要有相关的页面模型，使说明更加简单直观。

同时还可以为客户推荐客户有可能需要的模块，以提高项目成交量和网站的技术水平。

（5）网站权限管理、网站运营安全策略、网站建设进度及实施过程。

（6）费用预算。

（7）火速简介、典型客户。对于典型客户的介绍，除了几个金牌客户之外，还可以举出一些相关行业的网站建设案例，以增强说服力。

1.2.4 基于构件的软件开发概述

软构件技术是支持软件复用的核心技术，这项技术在近几年得到了高度的重视。它的主要研究内容包括构件获取、构件模型、构件描述语言、构件分类与检索、构件复合组装、标准化。

软构件定义为可重用的用以构造其他软件的软件单元，它可以是被封装的对象类、功能模块、软件框架、软件体系结构模型等。在具体实现过程中，软构件主要指具有一定功能，能够独立工作或者能同其他组件装配起来协调工作的程序体。

软构件大致分为以下几类：

（1）按复用的方式，分为黑盒构件和白盒构件。

（2）按使用的范围，分为通用构件和专用领域构件。

（3）按重用时的状态，分为动态构件和静态构件。

软构件技术的最终目标是采用传统产业基本生产模式（对符合行业标准的零部件进行组装），使用可复用软件构件，支持组装式软件复用。现阶段软构件技术主要用于基于构件的软件开发,即在软件开发中使用代码类型的可复用软构件。

基于软构件开发的好处主要有:软构件生产者之间的竞争有利于软构件的质量的提高;利用软构件开发新系统,能缩短生产周期,易于替换和升级;构件封装了代码复杂的内在结构,以简单的接口提供给用户使用,大大简化了程序的复杂性。

有人预言近几年内将会出现一个世界范围的构件市场,并且会有超过半数的新应用的开发基于软构件。

1.2.5 旅游行业网站规划方案

参考"紫日茶叶"公司的规划方案的操作,编写某旅游协会网站规划方案。该网站情况如下:

该旅游协会网站是为协会下属企业在网上提供包括办公功能在内的网上应用服务,能轻松地为所属企业在互联网上开展企业宣传、展示企业形象,服务于企业日常运营。通过网站展示企业优秀产品,让客户能够了解企业,对感兴趣的产品作深入详细的了解,并通过网站提交产品的反馈信息。

网站集成 ASP 网站运营功能:

(1)提供在线网店系统,可以利用网店迅速地建起具有个性店面、互动销售、商品管理、销售统计、订单跟踪、会员管理、厂商管理、策略管理、网上支付等功能的在线业务平台,可以满足多种旅游产品的推广和销售。

(2)旅行社信息发布系统,主要完成旅行社会员的产品信息发布,为其他同行会员、酒店会员和公众提供查询信息,提高服务质量和效率。旅行社的信息主要包括旅游线路发布、地接旅游线路报价、地接单项服务报价的信息。为了给游客提供更加经济便利的地接信息,特地将地接信息单独分开,提供地接单项服务的信息。

(3)酒店信息发布系统,是面向游客和旅行团介绍酒店的各项服务信息、服务报价及服务特色的模块,主要分三个方面,即酒店信息发布、酒店信息维护、酒店信息检索。

(4)产品消息发布系统,产品/供求信息发布的一条重要渠道,是将信息直接发送至会员信箱中。在每周发布的各种产品/供求信息中,精选部分经过包装加工制作成周报性质的电子刊物,发放给会员。

整个网站的特点应该是:统一的客户门户体系、统一的多级用户管理、灵活的角色控制、强大的安全机制、集中式的系统管理、强大的后台支持体系。

2 网站图片素材的处理

2.1 矢量图形的绘制

2.1.1 学习目标

2.1.1.1 知识目标

（1）掌握矢量概念。

（2）掌握绘制矢量图形的编辑工具。

（3）掌握路径的使用方法。

2.1.1.2 技能目标

（1）能够利用矢量工具绘制出各种形状。

（2）能够为矢量图形添加浮雕等效果。

（3）能够对路径对象进行绘制及修改。

2.1.2 软磁盘的绘制

本章操作均以 Fireworks 8.0 为基础。

（1）进入 Fireworks 8.0 的界面，利用"矩形"工具绘制出软盘的黑色外壳、白色滑动片、白色标签、写保护口，绘图效果如图 2-1 所示，图层效果如图 2-2 所示。

图 2-1　绘图效果

图 2-2　图层效果

（2）用矢量工具"刀子"将背景图片的右上角切掉，如图 2-3 所示。

（3）对各矢量图片添加"浮雕"效果，设置如图 2-4 所示。

图 2-3 刀子工具切角效果

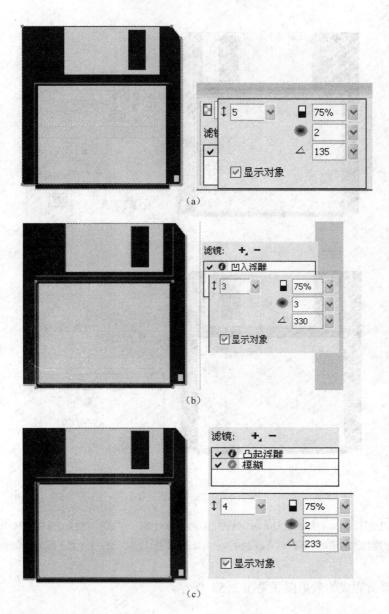

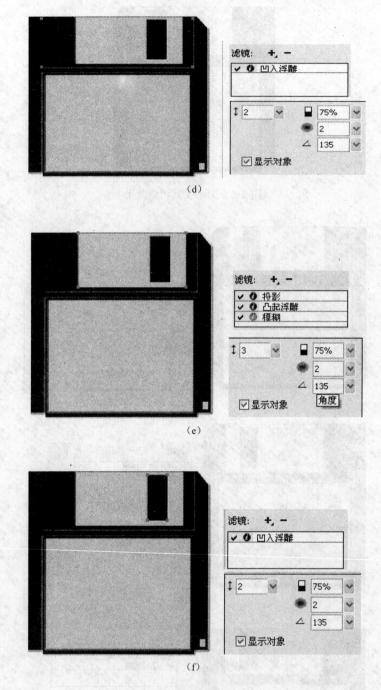

图 2-4 添加"浮雕"效果

（a）选中背景添加浮雕效果；（b）选中黑色背景添加浮雕效果；（c）选中灰色矢量图添加模糊效果；
（d）选中黑色背景添加浮雕效果；（e）选中灰色矢量图添加模糊效果；（f）选中黑色矢量图添加浮雕效果

（4）将最后完成的效果图（见图 2-5）保存。

图 2-5　软盘效果

2.1.3　矢量图形绘制基础

2.1.3.1　矢量概念

矢量图形是用线条和曲线来呈现图像，这些称为"矢量"的线条包含了颜色和位置信息。例如，叶子的图像可用描述叶子轮廓的点定义，叶子的颜色包括它的轮廓颜色（即笔触颜色）和轮廓所包围的区域的颜色（即填充颜色）。通过修改描述矢量图形形状的线条和曲线的属性可以编辑矢量图形。

2.1.3.2　绘制矢量对象

Fireworks 8.0 中包括了许多绘制矢量对象的工具，其中的形状工具可分为"基本形状"和"自动形状"，如图 2-6 所示。

基本形状可以创建矩形、椭圆形和多边形等简单的几何图形。自动形状是遵循特殊规则的一组智能的矢量绘图工具，创建的对象组由常用元素进行简化后创建和编辑。

此外，在"形状"面板中有一组较为复杂的智能形状工具，如图 2-7 所示。用鼠标可以直接将这些对象拖曳至画布内，对象上具有多个菱形控制点，通过调节控制点可以改变对象的相关属性。

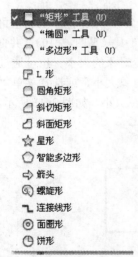

图 2-6　绘制矢量对象的工具

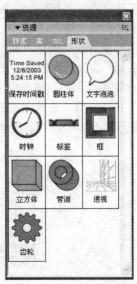

图 2-7　智能形状工具

A　绘制基本的线形、矩形和椭圆

（1）绘制线形、矩形或椭圆。

在工具箱选择工具后，在"属性"检查器中设置笔触和填充属性，如图 2-8 所示，在画布上拖动可绘制形状。

图 2-8　属性

选中"直线"工具后，按住 Shift 键可限制按 45°的倾角或其增量来绘制直线，如图 2-9 所示。

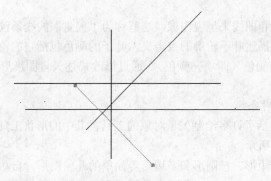

图 2-9　绘制直线

选中"矩形"或"椭圆"工具后，按住 Alt 键，拖动鼠标可绘制具有固定中心点的图形。按住 Shift+Alt 键，可画出正方形或正圆并且以鼠标开始放置点为中心。按住空格键同时按住鼠标左键，可拖动对象到画布另一位置。

（2）调整所选直线、矩形或椭圆的大小。

在"属性"检查器或"信息"面板中输入新的宽度（W）或高度（H）值可调整所选对象大小。或在"工具"面板的"选择"部分选择"缩放"工具（见图 2-10），并拖动角变形手柄也可调整所选对象的大小。这种调整方式会等比例改变对象的大小。也可通过选择菜单"修改"→"变形"→"缩放"命令并拖动变形手柄调整对象大小，或选择菜单"修改"→"变形"→"数值变形"命令，输入新尺寸后按比例调整对象大小，如图 2-11 所示。

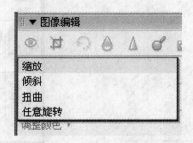

图 2-10　图像编辑

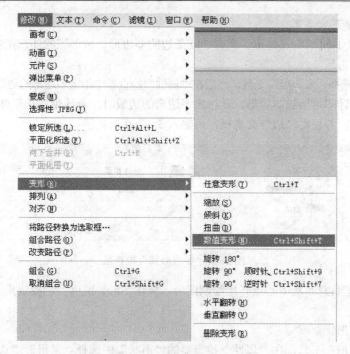

图 2-11　数值变形工具

B　绘制圆角矩形

绘制圆角矩形有以下两种方法：

（1）绘制圆角矩形。

选择"矩形"工具或按 U 键，在弹出的菜单中选择"圆角矩形"工具，在画布中拖动绘制圆角矩形。如图 2-12 所示。

图 2-12　圆角矩形

（2）修改矩形角成为圆角。

用"矩形"工具绘制矩形后，在"属性"检查器的"矩形圆度"框内输入一个 0～100 的值，或者拖动圆角弹出滑块，如图 2-13 所示，也可得圆角矩形。

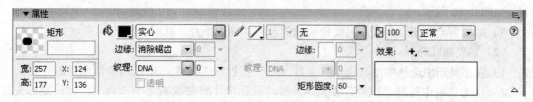

图 2-13　矩形圆角属性参数设置

C　绘制多边形和星形

"多边形"工具可绘制三角形、具有 360 条边的多边形、星形等的任意正多边形。

（1）绘制多边形。

在工具箱中选择"多边形"工具，然后在"属性"检查器中指定多边形的边数（见图 2-14），在画布上拖动指针即可绘制多边形。在指定多边形的边数时，若使用"边"弹出滑块，只可以选择 3~25 条边，若使用"边"文本框，可输入 3~360 的数字。

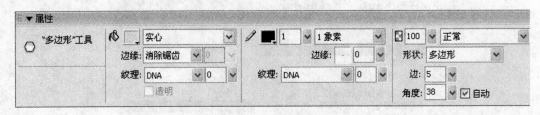

图 2-14　多边形属性检查器

"多边形"工具总是从中心点开始绘制图形，按住 Shift 键可控制多边形方向按 45°的增量变化。

（2）绘制星形。

选择"多边形"工具，在"属性"检查器的"形状"中选择"星形"，"边"文本框中输入星形顶点的数目，"角度"文本框中输入角度，其中角度文本框中输入接近 0 的值将产生长而细的角，输入接近 100 的值将产生短而粗的角。设置完成后在画布中拖动指针即可绘制星形，如图 2-15 所示。

图 2-15　绘制星形

D　绘制路径

a　"钢笔"工具

"钢笔"工具不仅可以绘制曲线或直线路径，还可以绘制图像的边缘等。

（1）绘制曲线路径。

1）在工具箱中选择"钢笔"工具 或按 P 键。

2）将鼠标移至画布中，指针变成 的形状，单击鼠标左键作为曲线的起点，移动鼠标至另一位置单击，作为曲线第二点，依此类推，直至曲线的终点双击鼠标左键完成当前曲线绘制，如图 2-16 所示。

3）如果需绘制闭合曲线，只要使曲线的起点和终点重合，此时鼠标成 形状。

（2）调整曲线路径。

1）在工具箱中选择"部分选定"工具 或"指针"工具 ，单击选中绘制好的曲线。

2）在工具箱中选择"钢笔"工具 ，移动鼠标指针到曲线的某个节点上，此时鼠标变成 形状。按住鼠标左键拖动鼠标，在该节点上出现控制柄，同时直线节点变成曲线节点，如

图 2-17 所示。拖动鼠标改变控制点和节点间的距离，可改变曲线的圆滑度。

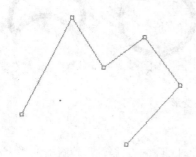

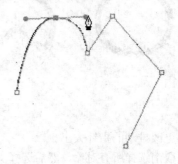

图 2-16　开放曲线　　　　　　图 2-17　直线节点变成曲线节点

（3）为曲线增加节点。

1）使用"部分选定"工具 或"指针"工具 ，单击选中绘制好的曲线。

2）在工具箱中选择"钢笔"工具 ，将鼠标移到所选路径需要增加节点的位置上，此时鼠标指针变成 形状。

3）单击鼠标一次，就增加一个节点；如要增加曲线，则单击鼠标后拖动。

（4）为曲线删除节点。

1）使用"部分选定"工具 选中路径上需要删除的节点，此时鼠标指针变成 形状。

2）按键盘上的 Delete 键或 Backspace 键删除该节点。

b　矢量路径工具

选择"矢量路径"工具，在画布上拖动指针，释放之后生成一条路径。"矢量路径"工具类似于"铅笔"工具，不过"铅笔"工具绘制出的是位图，而"矢量路径"工具绘制出的是路径。

c　重绘路径工具

选择重绘工具，在路径的正上方移动指针。指针更改为重绘路径指针。拖动指针以重绘或扩展路径段。要重绘的路径部分以红色高亮显示。释放鼠标路径被重绘。

2.1.3.3　编辑路径

Fireworks 中通过移动、添加或删除节点可更改对象形状，移动节点手柄可更改相邻路径段的形状。

A　使用矢量工具进行编辑

除拖动节点和节点手柄外，还可以使用几个 Fireworks 工具直接对矢量对象进行编辑。

a　"自由变形"工具

"自由变形"工具可直接弯曲和变形矢量对象，而不是针对节点执行操作。它可推动或拉伸路径任何部分而不管节点位置如何。

（1）拉伸路径。

选择"工具"面板中的"自由变形"工具，鼠标放在路径正上方，指针变为拉伸指针后拖动路径。

（2）推动路径。

选择"工具"面板中的"自由变形"工具，鼠标变为推动或拉伸指针，指针稍偏离路径后轻推路径可使路径变形，如图 2-18 所示。

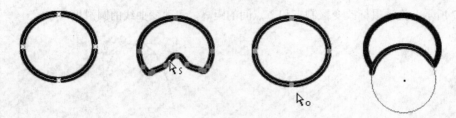

图 2-18   自由变形

（3）更改推动的指针大小。

首先取消选择所有对象，然后选择"自由变形"工具，在"属性"检查器的"大小"文本框中输入 1～500 的值，如图 2-19 所示。该值以像素为单位指示指针的大小以及指针所影响的路径段的长度。

图 2-19   自由变形属性检查器

b   更改区域形状工具

要对变形区域外圆内选定路径进行扭曲变形操作，可使用"更改区域形状"工具。该工具在显示时其指针是两个同心圆，只会修改处于同心圆范围内的路径，如图 2-20 所示。

图 2-20   更改区域形状效果

工具的全强度边界是指针的内圆，内外圆之间的区域的强度低于全强度，以此来更改路径的形状，可设置指针外圆的强度来决定指针的引力拉伸。

（1）扭曲路径。在工具箱上选择"更改区域形状"工具，然后穿越路径进行拖动以重绘路径。

（2）改变更改区域形状的指针大小。在"属性"检查器的"大小"文本框中，可设置指针大小，还可设置指针所影响的路径段的长度。首先取消选择所有对象，然后在文本框中输入 1～500 的值，该值以像素为单位指示指针的大小，如图 2-21 所示。

（3）设置内圆强度。在"属性"检查器的"强度"文本框中输入 1～100 的值。该值表示指针强度的百分比，强度越大，百分比越高。

图 2-21 更改区域形状属性设置

c 重绘路径工具

（1）使用"重绘路径"工具可重绘或扩展路径段，同时保留该路径的笔触、填充和效果特性。只要用"重绘笔刷"沿着弯度重新画一条弧线，以红色高亮显示重绘的路径部分后，新的路径取代原来路径，如图 2-22 所示。

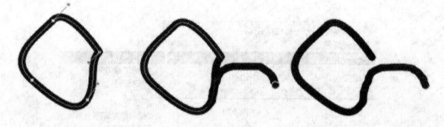

图 2-22 重绘路径

（2）设置精度属性。选择"重绘路径"工具，修改"属性"检查器的"精度"框来更改"重绘路径"工具的精度级别，如图 2-23 所示。选择的数字越高，路径上的点数就越多。

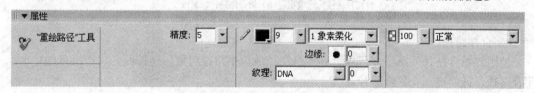

图 2-23 重绘路径属性设置

d 路径洗刷工具

使用"路径洗刷"工具可更改路径的外观。使用变化的压力或速度，可以更改路径的笔触属性，如笔触大小、角度、墨量、离散、色相、亮度和饱和度等。使用"编辑笔触"对话框的"敏感度"选项卡，可设置"路径洗刷"工具属性，同时可以指定属性的压力和速度的数值。

e 刀子工具

将一个路径切成两个或多个路径，可使用"刀子"工具。"刀子"工具用于切割钢笔路径类似的矢量路径，操作时按住鼠标左键从欲切割处移动划过，即会增加一个控制点在切割处，如图 2-24 所示。

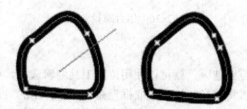

图 2-24 "刀子"工具的使用

B　路径操作

"修改"菜单中包含了路径操作，可通过合并或更新路径来创建新路径，如图 2-25 所示。对于某些路径操作，要特别注意所选路径对象的堆叠顺序，以定义不同的操作执行方式。

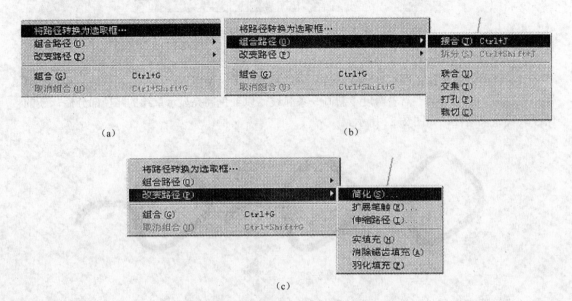

（a）　　　　　　　　　　　　　（b）

（c）

图 2-25　路径操作菜单

（a）将路径转换为选取框；（b）组合路径；（c）改变路径

a　合并路径

使用"组合路径"命令，可以合并多个路径成单个路径对象，连接两开口连接可创建单个闭合路径，或创建一个复合路径。

（1）选择"部分选定"工具，选择路径后选择菜单"修改"→"组合路径"命令，即可创建连续路径，或创建合并路径。

（2）要将所选的多个闭合路径合并为一个封闭路径，可选择菜单"修改"→"组合路径"→"联合"命令。位于最下面的对象的笔触和填充属性，将被放置于所得到的新路径中，如图 2-26 所示。

图 2-26　组合路径效果

b　转换路径为选取框

矢量路径形状转换为位图选区，就可以使用位图工具编辑选区，如图 2-27 所示。选择路径后选择菜单"修改"→"将路径转换为选取框"命令，在弹出的对话框中，设置创建选取框的"边缘"，若设置"边缘"为"羽化"，则需指定羽化量，然后单击"确定"按钮。

图 2-27　转换路径为选取框

c　从其他对象的交集创建对象

"交集"命令可以从多个对象的交集创建其他对象。选择菜单"修改"→"组合路径"→"交集"命令，产生的新路径和最下面对象的笔触和填充属性相同。

d　删除部分路径

Fireworks 中可以删除所选路径的某些部分，删除的部分是排列在路径前面的另一路径的重叠部分。

首先选择要删除的路径，然后选择菜单"修改"→"排列"→"移到最前"命令，按住 Shift 键可添加选区，选择菜单"修改"→"组合路径"→"打孔"命令，可删除重叠部分路径，而其他部分路径的笔触和填充属性保持不变，如图 2-28 所示。

图 2-28　打孔前后图形效果

e　修剪路径

根据另一路径的形状来修剪路径，修剪区域的形状由前面或最上面的路径定义。首先选择要修剪的路径，然后选择菜单"修改"→"排列"→"移到最前"命令，按住 Shift 键可添加选区，选择菜单"修改"→"组合路径"→"裁切"命令，修剪后的路径对象的笔触和填充属性与位于最下面的对象相同。

f　简化路径

要保持路径的总体形状而删除路径中的点，可使用"简化"命令。"简化"命令可以根据指定的数量删除路径上的点，如图 2-29 所示。

图 2-29　简化前后效果

例如，有一条直线包含两个以上的点，由于两个点就可以产生一条直线，因此可以使用"简化"命令进行简化。

"简化"可删除不需要的点，也可以重新生成所绘制的路径。选择菜单"修改"→"改变路径"→"简化"命令，出现"简化"对话框，输入一个简化量后单击"确定"按钮。但在增加简化量时，Fireworks 很有可能改变路径。

g 扩展笔触

使用"扩展笔触"命令，可以将所选路径的笔触转换为闭合路径，转换后的新路径只是原路径的轮廓，该轮廓与原路径具有相同的笔触属性，如图 2-30 所示。选择菜单"修改"→"改变路径"→"扩展笔触"命令，打开"展开笔触"对话框，设置闭合路径的宽度，指定转角、圆角或斜角的其中一种边角类型。如果选择转角则需设置转角限制，即转角长度与笔触宽度比。然后选择对接、方形或圆形其中一种结束端点选项。单击"确定"按钮后，一个闭合路径将替换原始路径。新路径具有同样的原始形状和相同笔触与填充属性。

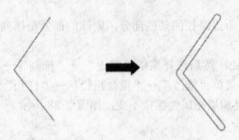

图 2-30 扩展笔触前后的路径

h 收缩或扩展路径

使用"伸缩路径"命令可以将所选路径收缩或扩展特定数量的像素。选择菜单"修改"→"改变路径"→"伸缩路径"命令，打开"伸缩路径"对话框，如图 2-31 所示。设置变化路径的方向，"内部"会收缩路径，"外部"会扩展路径；并设置变化路径的宽度，指定转角、圆角或斜角的其中一种边角类型。单击"确定"按钮，一个较小或较大新路径对象将替换原始路径对象。此路径与原路径具有相同笔触和填充属性。

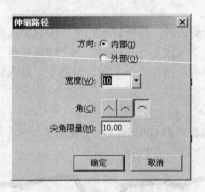

图 2-31 伸缩路径对话框

【例 2-1】 利用伸缩路径制作同心圆。

（1）选择工具箱的椭圆工具，按住 Shift 键在画布中绘制一正圆，属性设置如图 2-32 所示。

（2）由于在生成新路径的同时会删除原有的路径，为了保留原有路径需要先执行菜单"编辑"→"克隆"命令复制一份原始路径，此时新旧路径重叠在一起。

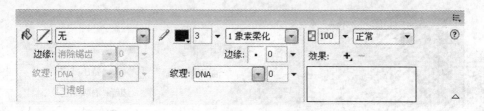

图 2-32　椭圆工具属性设置

（3）执行菜单"修改"→"改变路径"→"伸缩路径"命令，设置伸缩路径对话框参数（见图 2-33b），点击确定后，得到图 2-33c 所示的效果。

（4）重复（2）、（3）两步骤创建更多同心圆，得到最终效果如图 2-33d 所示。

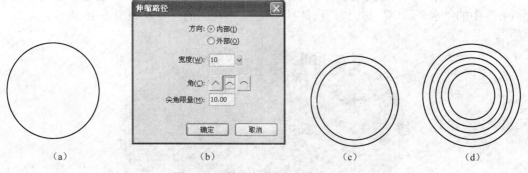

（a）　　　　　　　　（b）　　　　　　　　（c）　　　　　　　　（d）

图 2-33　利用伸缩路径制作同心圆

（a）圆；（b）伸缩路径对话框设置；（c）同心圆；（d）最终同心圆效果

2.1.4　矢量图形绘制技能拓展

（1）在 D 盘根目录新建一个文档，设定画布大小为宽 320 像素，高 320 像素，分辨率为 72DPI，背景色为白色（#FFFFFF），如图 2-34 所示，并保存为 f4.png。

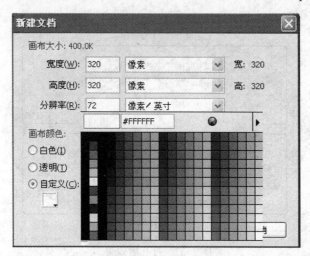

图 2-34　颜色管理器

（2）绘制一椭圆形，填充图案为蓝色波浪，纹理为网格线 5，如图 2-35 所示。

图 2-35 填充效果图及属性管理器

（3）再绘制一小一些的椭圆形，填充实心。选中大小两个椭圆，通过"修改"菜单"对齐"中的"水平居中"与"垂直居中"调整大小椭圆的位置，如图 2-36 所示。

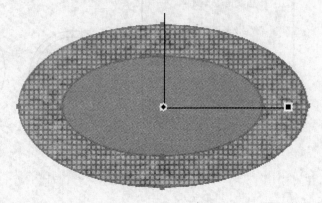

图 2-36 对齐后的效果

（4）单击"修改"菜单，选择其中的"组合路径"中的"打孔"命令，制作图 2-37 所示形状。

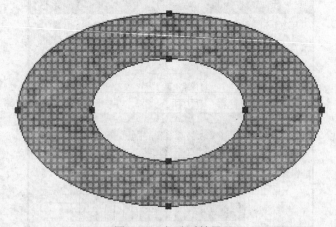

图 2-37 打孔后效果

（5）对图 2-37 所示图形添加"内斜角"效果，参数设置及最后效果如图 2-38 所示。

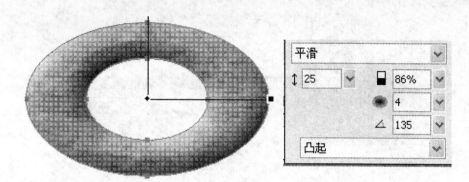

图 2-38 最后效果图及参数设置面板

2.2 位图图形的编辑

2.2.1 学习目标

2.2.1.1 知识目标

（1）掌握位图概念。

（2）掌握图像属性设置。

（3）掌握图像编辑的基本操作。

2.2.1.2 技能目标

（1）能够设置图像尺寸、分辨率及图像格式。

（2）能够利用编辑工具编辑位图。

（3）能够将路径转为选区。

2.2.2 艺术球的处理

（1）打开从 http://www.gdsspt.net/site 中的"资源下载"中下载的"第 2 章素材"下的 qiu.TIF，将金属球体选定并进行拷贝，如图 2-39 所示。

图 2-39 选择球并复制效果图

（2）打开从 http://www.gdsspt.net/site 中的"资源下载"中下载的"第 2 章素材"下的 qiubeijing.TIF，将球体粘贴后，单击"选择"菜单中的"收缩选取框"，在出现的对话框中输入"10"，如图 2-40 所示。

图 2-40　收缩球效果及收缩参数对话框

（3）单击"编辑"菜单中的"剪切"命令，新建一图层，再单击"粘贴"命令，如图 2-41 所示。

图 2-41　剪切并粘贴效果

（4）单击"修改"菜单，选择"变形"中的"任意变形"命令，用"指针"工具调整其大小，如图 2-42 所示。

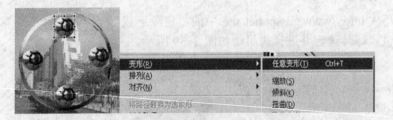

图 2-42　任意变形效果图

（5）将最终完成的图形（见图 2-43）以 XPS3-09.gif 名称保存。

图 2-43　编辑最终效果

2.2.3　位图图像处理基础

2.2.3.1　位图对象

位图是由被称为像素的彩色小正方形组成的图形，有时也把位图称为栅格图像。照片、扫描的图像以及用绘画程序创建的图形都属于位图图形。要对位图图像进行编辑必须进入编辑模式。

A　位图对象选区的创建与调整

a　选区的创建

位图对象的编辑主要是修改位图中的像素。修改位图中的像素首先要选中需修改的像素区域。选择操作主要是利用工具箱中的位图选取工具，选取工具包括选取框、椭圆选取框、套索、多边形套索及魔术棒共 5 种工具。

在位图中，被选中的区域四周会出现闪烁的虚线边框，这种边框称为选取框。把鼠标移至选取框内部任意位置，鼠标将变成 形状，此时按住鼠标左键拖动选取框可以改变选取框的位置。

（1）创建规则区域。

利用工具箱中的"选取框"工具 和"椭圆选取框"工具 可以创建规则的选区区域。创建选区时，需要对选取工具的属性进行必要设置，选取框的属性面板如图 2-44 所示。

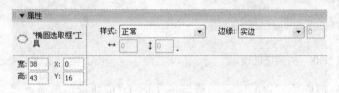

图 2-44　选取工具属性面板

"样式"下拉列表中可以指定选取框的类型，共有 3 种选项。

1）正常：是默认的选取框类型，完全按照鼠标拖动的范围创建选区。

2）固定比例：按照设定的水平和垂直的比例，拖动鼠标创建固定比例的选区。

3）固定大小：按照设定宽度、高度的大小，在位图中单击鼠标创建固定大小的选区。

"边缘"下拉列表中可以指定选取框的边界类型，共有 3 种选项。

1）实边：对创建选区的区域不作任何的处理。

2）消除锯齿：使创建的选区锯齿边界变得平滑。

3）羽化：使选区的边缘模糊，并有助于所选区域与周围像素的混合渐变。

创建矩形选区的步骤如下：

1）选择工具箱中的"选取框"工具 ，属性值设置如图 2-45 所示。

2）在位图中拖动鼠标创建如图 2-46 所示矩形选区。如需创建正方形选区，则在拖动鼠标创建选区的同时按住 Shift 键即可。

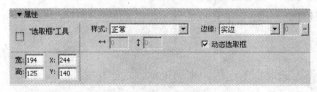

图 2-45　选取框属性设置

图 2-46　矩形选区

3）可直接利用鼠标拖动创建好的选取框，改变选区的位置。

（2）创建羽化的椭圆选区处理图像。

1）选择"椭圆选取框"工具◯，该工具的属性设置如图 2-47 所示。

图 2-47　椭圆选取框属性设置

2）在位图中拖动鼠标创建如图 2-48 所示的选区。

3）执行菜单命令"选择"→"反选"，选区变化如图 2-49 所示。

图 2-48　椭圆选区设定　　　　　　　　　图 2-49　反选椭圆选区

4）按 Delete 键删除反选的区域，然后按 Ctrl+D 或执行菜单命令"选择"→"取消选择"，取消选区选定，得到羽化效果的图像，如图 2-50 所示。

图 2-50　羽化后图像效果

（3）创建不规则选区。

1）套索工具♀。可以在位图中创建一个任意形状的选区。使用套索工具的步骤如下：

① 选择套索工具♀。

② 在位图中，按住鼠标左键并拖动鼠标，尽量使曲线闭合，如果选取框不闭合，Fireworks 会自动在曲线的起点与终点间加一条连线以闭合选取框。

2）多边形套索工具♡。可以在位图中创建一个直边的任意形状选区。使用多边形套索工具的步骤如下：

① 选择多边形套索工具♡。

② 在位图中某一位置单击鼠标作为选取框的起点，拖动鼠标，通过单击的方式选择，创建选区。

3）魔术棒工具 。可以在位图中创建一个颜色相似的选区。使用魔术棒工具的步骤如下：

① 选择魔术棒工具 ，该工具属性面板参数设置如图 2-51 所示。

② 在位图中的某一颜色处单击鼠标，创建选区如图 2-52 所示。

图 2-51 魔术棒属性设置　　　　图 2-52 魔术棒创建的选区

b 选区的调整

在使用选取工具创建选区时，常需要对选区进行必要的调整。Fireworks 提供了一些增加、减少选区的快捷键，以及实现平滑选区的菜单命令。

（1）增加选区。

1）利用套索工具创建初始的选区，如图 2-53 所示。

2）按住 Shift 键的同时移动鼠标到要增加选区区域，当鼠标指针上面出现"+"标记时，再在选取框的边缘拖动鼠标画出一个闭合的选区，增加的选区将自动加到原有的选区上，如图 2-54 所示。

图 2-53 初始选区　　　　图 2-54 增加选区后选区效果

（2）减少选区。

1）利用套索工具创建初始的选区，如图 2-55 所示。

2）按住 Alt 键的同时移动鼠标到要减少选区的区域，当鼠标指针上面出现"−"标记，再在选取框的边缘拖动鼠标画出一个闭合的区域，重叠部分将自动删除，如图 2-56 所示。

图 2-55 初始选区　　　　图 2-56 减少选区后选区效果

（3）取消选区。选区编辑完成后可通过 3 种方法取消选区。

1）方法一：Ctrl+D。

2）方法二：菜单"选择"→"取消选择"命令。

3）方法三：单击画布上空白处。

（4）扩大选区。利用 Shift 键和鼠标配合调整选区，很难使选区平滑，此时可以用"扩大选区"来调整。步骤如下：

1）创建初始选区，如图 2-57 所示。

2）选择菜单"选择"→"扩展选取框"命令，出现如图 2-58 所示对话框，设置扩展像素后，单击"确定"按钮，效果如图 2-59 所示。

图 2-57　初始选区　　　　　　图 2-58　扩展选取框　　　　　　图 2-59　扩展选区

（5）缩小选区。

1）创建初始选区，如图 2-60 所示。

2）选择菜单"选择"→"收缩选取框"命令，出现如图 2-61 所示对话框，设置收缩像素后，单击"确定"按钮，效果如图 2-62 所示。

图 2-60　初始选区　　　　　　图 2-61　收缩选取框　　　　　　图 2-62　收缩选区

B　位图对象的绘制与编辑

在对位图创建好选区后，就可以对选区进行编辑，从而实现对位图对象的绘制与编辑处理。

a　图像绘制

在位图编辑模式下，可以使用"铅笔"、"刷子"工具绘制图像，也可设置描边和填充属性，操作方法与在对象模式下相同，只是此时绘制出来的是位图，不是路径对象，不能用路径选择工具选择位图中的直线等对象。

b　图像填充

填充就是在一定范围内对多个像素进行整体的颜色替换。在对象模式下，利用图像填充可以实现对路径对象的填充；在位图编辑模式下，通过填充属性的设置可以实现对选区或相似色差的填充。

对位图图像选区的填充步骤如下：

（1）导入位图，利用"魔术棒"工具创建需填充的选区，如图 2-63 所示。

图 2-63 魔术棒创建小熊选区

（2）选择工具箱中的"油漆桶"工具 ，"油漆桶"工具属性设置如图 2-64 所示。

图 2-64 油漆桶工具属性设置

（3）鼠标单击选区，实现的填充效果如图 2-65 所示。

图 2-65 填充选区后效果

c 位图变形

使用"缩放"、"倾斜"和"扭曲"工具以及菜单命令，可以变形所选对象、组或者像素选区，在"缩放"工具上按住鼠标一会儿，随即弹出变形工具菜单。

（1）"缩放"工具 。放大或缩小对象。使用步骤如下：

1）导入一张位图图像，用"指针"工具选择整个位图图像或用"部分选定"工具选择部分对象。

2）选择工具箱中的"缩放"工具，在选区的周围出现一个边上带控制柄、中心出现中心点的选框。拖动四个角落的任一控制柄方块，可进行等比例缩放。拖动中间的控制柄方块，可进行不按比例的任意缩放。鼠标移至选框外部，拖动鼠标可对选框进行任意角度的旋转。

（2）"倾斜"工具 。将对象沿指定轴倾斜。使用步骤如下：

1）导入一张位图图像，用"指针"工具选择整个图像或用"部分选定"工具选择部分对象，如图 2-66 所示。

2）选择工具箱中的"倾斜"工具，在选区的周围出现一个边上带控制柄、中心出现中心点的选框，如图 2-67 所示。拖动四个角落的控制柄方块，另一个边沿着相反方向倾斜，效果如图 2-68 所示。拖动一边中间的控制柄，另一边不变，如图 2-69 所示。鼠标移至选框外部，拖动鼠标可对选框进行任意角度的旋转。

图 2-66　指针选定原图

图 2-67　倾斜选框状态

图 2-68　双向倾斜效果

图 2-69　单向倾斜效果

（3）"扭曲"工具 。扭曲工具在处于活动状态时以拖动选择手柄的方向移动对象的边或角。"扭曲"工具的使用步骤如下：

1）导入一张位图图像，用"指针"工具选择整个图像或用"部分选定"工具选择部分对象，如图 2-70 所示。

2）选择工具箱中的"扭曲"工具，在选区的周围出现一个边上带控制柄、中心出现中心点的选框，如图 2-71 所示。拖动角落的控制柄沿着拖动方向扭曲，对象在新的界框内重画，

图 2-70　指针选定原图

图 2-71　扭曲选框状态

如图 2-72 所示。拖动四边中间的控制点，指针变为双向箭头，水平向左或向右移动，使图形改变倾斜度如图 2-73 所示。拖动边两端的控制点，移动缩放选框。

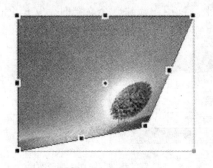
图 2-72　角落倾斜效果

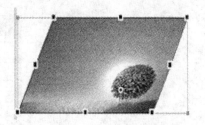
图 2-73　边倾斜效果

　　d　效果面板的使用

效果是图像的特殊类型的显示方式。Fireworks 内置了多种效果，使用效果面板可以实现对图像的特殊效果处理。

（1）内置效果。Fireworks 提供了多种内置效果，如图 2-74 所示。

1）斜角和浮雕：斜角有内斜角和外斜角之分，在对象上应用斜角，边缘可获得凸起的外观。使用浮雕可以使图像、对象或文本凹入画布或从画布凸起。

2）杂点：是指组成图像的像素中随机出现的不同颜色的点。

3）模糊：可以对图片整体进行模糊，达到朦胧的效果。

4）调整颜色：可以调整所选对象的亮度、色阶、饱和度等。

5）锐化：通过增大邻近像素的对比度，对模糊图像的焦点进行调整，主要用于对个别部分进行突出显示。

图 2-74　效果列表

6）阴影和光晕：为对象应用投影、内侧阴影和光晕效果，可以指定阴影的角度从而模拟照射在对象上的光线角度。

7）其他：包括"查找边缘"和"转换为 Alpha 通道"两个选项。

（2）应用效果到对象，步骤如下：

1）选择要应用效果的一个或几个对象。

2）单击对象的属性面板右边"+"按钮，弹出如图 2-75 所示的菜单。从中选择一种，并在弹出的对话框中对选中效果的参数进行必要设置。

3）重复步骤 2）即可为对象应用多种效果。

（3）效果删除。如果在应用效果后，觉得不满意或不需要，可以删除该效果。删除效果的步骤如下：

1）选择需要删除效果的对象。

2）在属性面板中选择将要删除的效果，单击"–"按钮，即可删除效果。

　　e　图层与蒙版

蒙版用于控制层中的不同区域的隐藏或显示，通过更改图层蒙版，可以将大量的特殊效果应用于图层。

2.2.3.2　图层的操作

在 Fireworks 中每一个对象都位于自己的图层上。当用户新建一个文档时，文档会自动生成一个层，并命名为"层 1"，以及一个特殊的层——网页层，层面板如图 2-75 所示。

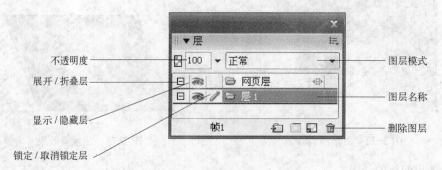

图 2-75　层面板

A　创建层

创建一个层的方法有：

（1）执行"编辑"→"插入"→"层"菜单命令。

（2）单击层面板下方的"新建/重制层"按钮新建层。

（3）单击层面板右上角的"选项"按钮，在弹出的下拉菜单中选择"新建层"命令。

B　重命名层

在编辑文档的层时，为了便于记忆每一个层的内容，编辑对应的层，用户可以为每一个层命名。命名层的步骤如下：

（1）在图层面板中，双击要重命名的层。

（2）在弹出的对话框中输入层的名字，按回车键即可。

C　删除层

对文档中多余的图层，可以将之删除。删除图层有如下 3 种方式。

（1）方法一：将要删除的图层拖动到图层面板下的"删除所选"按钮上。

（2）方法二：选中要删除的图层，单击图层面板下的按钮 🗑，删除所选的层。

（3）方法三：选中要删除的图层，单击图层面板右上角按钮 🖫，在弹出的下拉菜单中选择"删除层"命令。

D　移动层

移动图层，可以直接拖动层到目标位置。通过调整层的顺序，可以改变对象的合成效果。

2.2.3.3　矢量蒙版与位图蒙版

蒙版实际上就是用一幅图片遮罩住另一幅图片后产生的一种效果。被遮罩的对象称为被蒙版对象。遮罩的对象称为蒙版或蒙版对象。蒙版对象就好像一个窗口，透过这个窗口看被蒙版对象。蒙版对象和被蒙版对象既可以是路径对象，也可以是位图对象，因此，蒙版可分成矢量蒙版和位图蒙版两种。

A　矢量蒙版

矢量蒙版在矢量编辑模式下，通过路径对象或文字对象与被蒙版对象的复合形成遮罩，使被蒙版对象显示出蒙版对象形状。矢量蒙版又可以分为路径轮廓蒙版和灰度外观蒙版。

路径轮廓蒙版按照遮罩对象的路径进行遮罩，此时被遮罩对象按照遮罩对象的路径区域显示。

灰度外观蒙版也就是遮罩图像取决于遮罩对象和背景色之间的明亮关系。遮罩对象上明亮的像素点显示被遮罩对象，较暗的像素点显示背景色。

B 位图蒙版

位图蒙版是在位图编辑模式下，利用蒙版的像素灰度值，使被蒙版对象以一定的透明度显示。位图蒙版又可分为灰度等级蒙版和 Alpha 通道蒙版。

2.2.4 位图图像处理技能拓展

（1）打开从 http://www.gdsspt.net/site 的"资源下载"中下载的"第 2 章素材"下的 fengjing.jpg 和 lantian.jpg，用矩形选取工具在 lantian.jpg 中选取一块蓝天白云，并粘贴到 fengjing.jpg 中，使用变换工具调整其大小，如图 2-76 所示。

（2）设置蓝天白云的属性模式为"变暗"，如图 2-77 所示。

图 2-76 蓝天缩放

图 2-77 蓝天图片模式变暗

（3）为蓝天白云图层添加蒙版，选择"刷子"工具，去除不协调部分，如图 2-78 所示。

图 2-78 "刷子"工具效果图

（4）这样就为 fengjing.jpg 添加了蓝天白云，保存最终效果图。原始图片与加工后的最终效果对比如图 2-79 所示。

（a） （b）

图 2-79 效果对比

（a）原始图片；（b）最终效果图片

2.3 文本的编辑和应用

2.3.1 学习目标

2.3.1.1 知识目标

（1）掌握文件基本概念。

（2）掌握文本的编辑操作。

（3）掌握文本效果的应用。

2.3.1.2 技能目标

（1）能够输入文本并对其编辑。

（2）能够运用笔触、填充和样式。

（3）能够往路径上添加文本。

（4）能够熟练地进行文本变换。

2.3.2 印章的制作

（1）新建一文件，使用"椭圆"矢量工具画一圆形，矢量工具属性设置及绘制效果如图 2-80 所示。

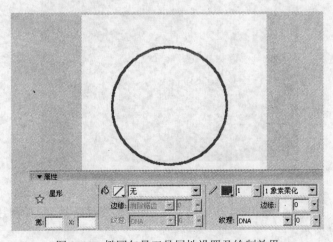

图 2-80 椭圆矢量工具属性设置及绘制效果

（2）选择"星形"矢量工具，在圆中心拖动，并设置与圆水平和垂直对齐，如图 2-81 所示。

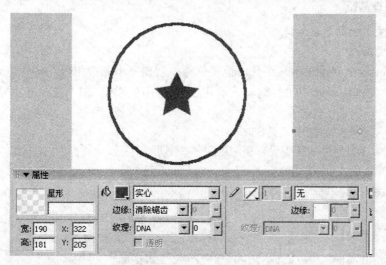

图 2-81 星形和圆水平垂直对齐

（3）选择"文本"工具，输入"广东松山职业技术学院"，并设置为红色。

（4）选择"钢笔"工具，在边框处画上路径，并调整好圆滑度，如图 2-82 所示。

图 2-82 钢笔工具绘路径图

（5）按住 Shift 键，同时选中文字与路径，单击"文本"菜单中的"附加到路径"命令，最后效果如图 2-83 所示。

图 2-83 将文字附加到路径

2.3.3　文字处理基础

2.3.3.1　文本的创建与编辑

A　创建文本

在 Fireworks 中创建文本与在其他绘图软件中创建文本非常相似，只是 Fireworks 中的文件还可以在文本编辑器中进行编辑。利用工具箱中的文本工具 **A** 在画布上输入文本，步骤如下：

（1）选中工具箱中的文本工具 **A**。

（2）在文本工具属性面板中设置相应的字体、字形、字号、颜色、对齐方式等，如图 2-84 所示。

图 2-84　文本工具属性面板参数设置

（3）在文档中的目标位置单击，在出现的文本框中输入文字，如图 2-85 所示。

图 2-85　输入文本

（4）在文本框外任意位置单击，结束输入。

B　编辑文本

对已经存在的文本进行编辑，方法有多种，如使用文本编辑器、文本属性面板、"文本"菜单及快捷菜单等。

a　字体属性

在选择文本工具后，可以在其属性面板中设置文本的多种属性，字体属性位于属性面板的上部，如图 2-86 所示。

图 2-86　字体属性

（1）字体：字体下拉列表中列出了系统所有有效的字体，每种字体可用的文字样式范围都不一样。当鼠标移到某种字体上时，在右侧就会显示出对应的字体效果预览框，可以直接看到该字体的实际效果。

（2）字号：单击字号右边的箭头，拖动滑块可以改变字号的大小，也可以直接在字号下拉列表框中修改字号大小，字号取值范围是 8～96。

（3）字体颜色：利用"填充颜色"框可设置文字填充颜色。

（4）字形：字形有粗体、斜体、加下划线 3 种。可以同时应用多种字形。

b　文本间距

在编辑文本文字时，为了追求美观或符合排版的要求，需要调整文本的间距。Fireworks 提供了以下几种间距控制模式，方便文本间距的调整修改。

（1）字间距 ^{AV}：控制字符间的距离。数值越大，字符之间距离越大；数值越小，字符之间距离越小，甚至可以出现重叠。

（2）字顶距 $\bar{\bar{I}}$：控制段落中行间的距离。数值越大，行间距离越大；数值越小，行间距离越小，甚至可以出现重叠。

（3）水平缩放 $\leftrightarrow$：控制文本的相对宽度。

（4）基线调整 A_+^A：控制文本相对于基线的距离，只有文本编辑器中有此项功能。在水平方向对齐排列方式上，基线调整表示设置文本离文本框上下边界的距离；在垂直方向对齐排列方式上，基线调整表示设置文本离文本框左右边界的距离。

（5）字距微调 ☑自动调整字距：选中此项可自动调整字符间距。

c　文本对齐

在 Fireworks 中文本的对齐方式有水平排列和垂直排列两种不同的排列方向，其对齐的方式也有所不同。单击"文本"工具属性面板中"设置文本方向"按钮 $^{Ab}_{cd}$，会弹出如图 2-87 所示的菜单，其中水平方向对齐方式菜单如图 2-88 所示，垂直对齐方式菜单如图 2-89 所示。

图 2-87　水平与垂直方向选项　　　图 2-88　水平对齐方式　　　图 2-89　垂直对齐方式

（1）水平对齐菜单上面的按钮功能如下。

1）左对齐 ☰：文本左边对齐。

2）居中对齐 ☰：文本在文本框中水平居中对齐。

3）右对齐 ☰：文本右对齐。

4）齐行对齐 ☰：文本均匀地对齐到文本框的左右边界，此时文本的字符间距会发生变化。

5）伸展对齐 ☷：文本在水平方向被拉伸，字符间距不变，使文本对齐到文本框的左右边界。

（2）垂直排列方式上按钮的功能如下。

1）顶端对齐 ⦀：文本与文本框的顶边对齐。

2）居中对齐 ⦀：文本与文本框的上下边界垂直居中对齐。

3）底端对齐 ⦀：文本与文本框的底边对齐。

4）齐行对齐 ⦀：文本均匀地对齐到文本框的上下边界，此时文本的字符间距会发生变化。

5）伸展对齐 |A|：文本在上下方向被拉伸，字符间距不变，使文本对齐到文本框的上下边界。

d　文本的其他属性

（1）段落缩进 $^+\equiv$：段落的首行缩进，以像素为基本单位。

（2）段前空格 ：段落之前的间距，调整段落间的距离。

（3）段后空格 ：段落之后的间距，调整段落间的距离。

（4）消除锯齿 平滑消除锯齿 ：主要是对文本进行各种抗锯齿处理，使文本的边缘变得比较光滑，从而使文本清晰。

（5）笔触颜色 ：设置文字笔触颜色，即描边效果。

2.3.3.2　文本与路径

在制作网页过程中，有时需要将文本按照某种曲线形状排列，如弧形、圆形等，此时就必须借助于路径实现效果。在 Fireworks 中利用"文本"→"附加到路径"菜单命令，可以使文本和路径结合在一起，而且文本保留着自身的属性，可以进行再编辑，但对结合后的路径不能再单独的编辑，若要单独编辑路径必须使用"文本"→"从路径分离"菜单命令分离出文本和路径后，才能对路径进行再编辑。

2.3.3.3　文本的变换

在编辑文本时，经常会用到一些操作，而这些操作是不属于文本的，只能应用于路径。此时可以把文本转换为路径，但是这种转换在一般情况下是单方向的，不可逆转。只有历史记录中还保留转换记录时可用"撤消"命令取消转化，其他情况下，文本转换为路径后不能再当作文本进行处理，但保留转换前的文本的所有属性。文本转换为路径的步骤如下：

（1）选择所需的文本。

（2）选择"文本"→"转换为路径"菜单命令，或是右键单击选择的文本，在弹出的菜单中选择"转换为路径"命令。

2.3.4　文字处理技能拓展

（1）新建文档，设置宽 450 像素，高 300 像素，背景白色。

（2）选择"钢笔"工具，在窗口中绘出如图 2-90 所示标志轮廓线。

（3）对图 2-90 填充暗黄色，如图 2-91 所示。

图 2-90　钢笔工具绘轮廓线　　　　　图 2-91　对标志进行填充

（4）同样用"钢笔"工具绘制出标志头部轮廓线，并填充成黑色，如图 2-92 所示。

图 2-92　标志头部轮廓线及填充效果

（5）使用"文本"工具在窗口空白处写上"足及生活每一天"，设置字体为"楷体"，然后使用"钢笔"工具画出路径轮廓，如图 2-93 所示。

（6）按住 Shift 键，同时选中文字和路径，单击"文本"菜单中的"附加到路径"命令，最后完成效果如图 2-94 所示。

图 2-93　文字路径的绘制 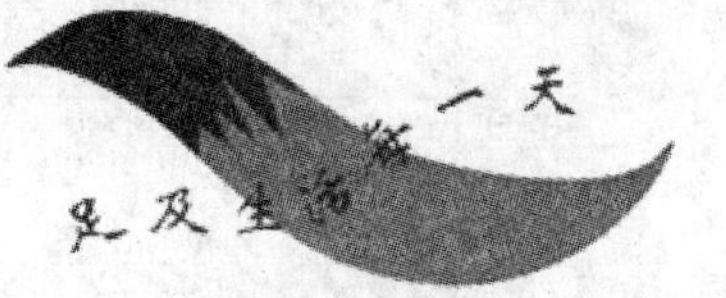　　　　图 2-94　文字附加到路径效果

2.4　Web 图像的处理

2.4.1　学习目标

2.4.1.1　知识目标
了解 Web 图像处理的基本知识。
2.4.1.2　技能目标
（1）能制作按钮。
（2）能制作网页菜单。

2.4.2　"紫日茶叶公司"导航菜单的制作

（1）新建一文档，在窗口中画出 580×23 的绿色矩形框，并在上面写上相应的文字，如图 2-95 所示。

| 首页 | 关于我们 | 产品展示 | 紫日书店 | 紫日网店 | 在线咨询 | 企业加盟 | BBS论坛 |

图 2-95　菜单文本的创建

（2）单击"Web"工具栏上的"切片"工具，在"关于我们"上画出矩形切片，如图 2-96 所示。

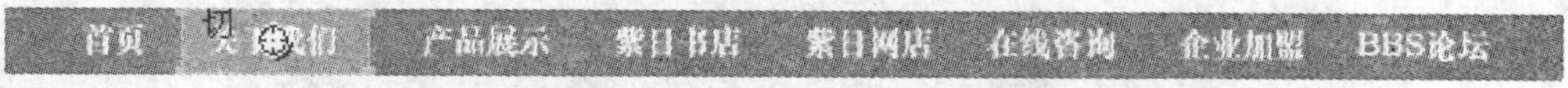

| 首页 | 切片我们 | 产品展示 | 紫日书店 | 紫日网店 | 在线咨询 | 企业加盟 | BBS论坛 |

图 2-96　切片工具创建切片效果

（3）单击"修改"菜单，选择"弹出菜单"中的"添加弹出菜单。在菜单编辑器窗口中设置如图 2-97 所示内容。

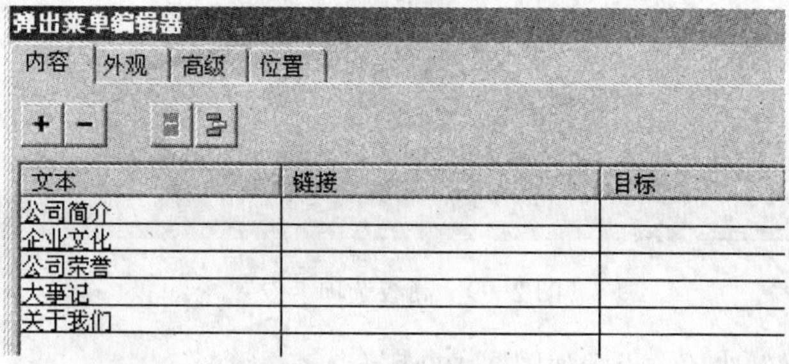

弹出菜单编辑器		
内容	外观 高级 位置	
+ －		
文本	链接	目标
公司简介		
企业文化		
公司荣誉		
大事记		
关于我们		

图 2-97　菜单编辑器

（4）单击"外观"选项，设置如图 2-98 所示。

图 2-98　外观选项卡设置

（5）单击"高级"选项，设置如图 2-99 所示。

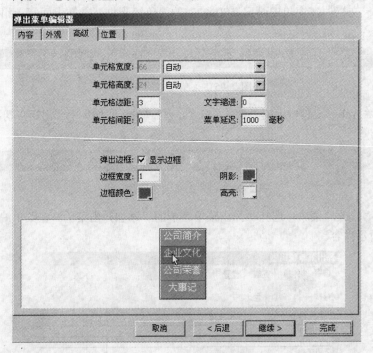

图 2-99　高级选项卡设置

（6）单击"位置"选项，设置如图 2-100 所示。

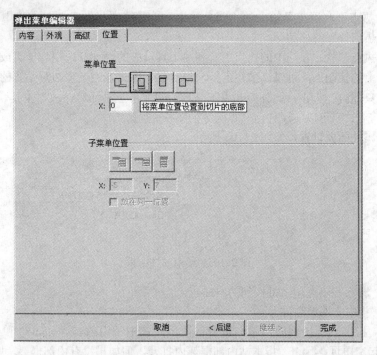

图 2-100　位置选项卡设置

（7）按 F12 进行浏览，如图 2-101 所示，并保存。

图 2-101　菜单浏览效果图

2.4.3　Web 图像处理基础

2.4.3.1　热点

A　创建热点

在 Fireworks 中创建热点要利用热点工具，如图 2-102 所示。热点工具有矩形、圆形、多边形工具三种。其中圆形或矩形热点工具在 Shift 键的配合下可以创建正方形、正圆形热点，在 Alt 键的配合下将以首次单击点为中心点进行创建矩形、圆形热点。

B　编辑热点

第一次创建的热点，在大小、形状、位置上，经常不符合要求，此时可以再次编辑刚建立的热点。

图 2-102　热点工具

（1）选中热点。利用工具箱中的"部分选定"工具或"指针"工具可以选中热点。

（2）移动热点。利用工具箱中的"部分选定"工具或"指针"工具在选中热点上拖动鼠标，即可实现热点位置的移动。

（3）改变热点形状。在选中的热点上，利用工具箱中的"部分选定"工具或"指针"工具拖动热点边框上的控制点，可以调节热点区域形状，但这只能改变多边形热点的形状，对于矩形或圆形热点只能改变大小。此外，利用工具箱中的变形工具如"缩放"工具⬚、"倾斜"工具⬚、"扭曲"工具⬚可以实现任何热点区域的变换。

（4）热点属性面板设置，如图 2-103 所示。

图 2-103　热点属性面板

1）链接：表示该热点超级链接到的网站。

2）替代：指中文网站名称。

3）目标：指打开链接到的网站浏览窗口性质，其中常用的有"blank"和"self"两项。"blank"指另起空白页，"self"指本站内部框架内打开，但如果没有内部框架，则效果相同。

2.4.3.2　切片

"切片"工具可以将一幅大的图片分割为几幅小的图像，这样可以减小图像的大小，加快网页下载的速度，并且能创造交互式的效果，如翻转图像等，还能将图像的一些区域用 HTML来代替。这些被分割成的小的图像即称为切片，切片图像在网页中可以利用表格再组合为原来的图像。

A　创建切片

在 Fireworks 中利用工具箱中的"切片"工具可以创建矩形和多边形切片，在 Shift 键的配合下还可以创建正方形切片。

【例 2-2】　创建矩形切片和多边形切片。

步骤如下：

（1）在 http://www.gdsspt.net/site 中"资源下载"中下载"第 2 章素材"，打开里面的"山水.jpg"文件素材，如图 2-104 所示。

（2）选择工具箱中的"矩形"切片工具⬚，在位图上单击并拖动鼠标画出一个矩形切片，同时在该切片的周围出现红色的参考线，如图 2-105 所示。

图 2-104　原图

图 2-105　矩形切片

（3）该矩形切片的属性面板设置如图 2-106 所示。

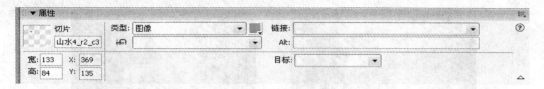

图 2-106　矩形切片属性设置

1）"链接"、"替代"、"目标"的含义和热点属性面板上的含义相同。

2）"类型"下拉列表框中可选"图像"或"HTML"，若选"HTML"选项，则如图 2-107 所示。

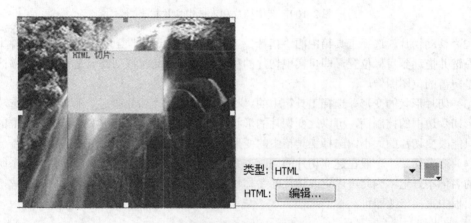

图 2-107　矩形切片属性设置

（4）选择工具箱中的"多边形切片"工具 ，在位图上依次单击确定多边形顶点，最终构成多边形切片，如图 2-108 所示。

图 2-108　多边形切片

B　编辑切片

（1）选中切片。在编辑切片之前必须先选中切片，可以选择工具箱中的"指针"工具或"部分选定"工具，单击位图上的切片或单击 Web 层上对应的切片子层，在 Shift 键的配合下可以选中多个切片。选项中切片和未选切片的比较如图 2-109 所示。

图 2-109　选中切片和未选中切片状态

（2）移动切片。选择工具箱中的"指针"工具或"部分选定"工具，在选中的切片上按住鼠标左键并拖动到目标位置，即可实现切片的移动。注意，此时移动的只是切片的覆盖区域，并不是覆盖的位图图像。

（3）切片形状的变形。选择工具箱中的"指针"工具或"部分选定"工具，拖动选项中的多边形切片边框的控制柄，可以改变切片的形状和大小。如果拖动选中的矩形切片边框的控制柄，只能改变切片的大小，选择工具箱中的变形工具可以旋转、改变切片的形状。

（4）命名切片。一般在建立切片的同时，系统会自动地为每一个切片命名，但是系统自动命名的名称不好记，因此可以更改切片的名称使其意义更明确。选中要更改名称的切片，再在属性面板中直接修改即可。

C　导出切片

单击"文件"菜单中的"导出"命令，将文件导出类型设置为"html 和图像"，选择要保存的位置后，单击"导出"按钮，即生成了 HTML 文件。双击已导出的文件，单击设置了切片的部位，便可观看到超链接的网页。

2.4.3.3　按钮

在网络上可以经常看到交互的图像：当鼠标移到图像上时，鼠标的形状会发生变化，而且该图像上的文本、颜色或图像本身也会发生变化，点击后，图像上的文本、颜色或图像本身又会发生变化，使人一看就知道这是一个翻转按钮。Fireworks 提供专门的按钮编辑器，可以轻松地制作各种功能的按钮。输出按钮时，Fireworks 会自动生成 JavaScript、HTML 代码和按钮图像，并插入到 HTML 文档中使用。

Fireworks 中的按钮有 4 种状态，每种状态都表示该按钮在响应鼠标事件时的外观。

（1）释放：是按钮的默认外观或静止时的外观，鼠标远离按钮的状态。

（2）滑过：是当指针移到按钮上时该按钮的外观，即激活状态。此状态提醒用户单击鼠标时很可能会引发一个动作。

（3）按下：表示单击后的按钮。此按钮状态通常在多按钮导航栏上表示当前打开的网页。

（4）按下时滑过：在用户将指针移到处于"按下"状态的按钮时按钮的外观。此按钮状态通常表明指针正位于多按钮导航栏中当前网页的按钮上方。

创建按钮的主要工具是按钮编辑器。创建按钮时，用户可以根据自身的艺术水平自由发挥创建个性化的按钮，也可以使用 Fireworks 自带的素材库，从素材库中导入素材，再进行修改创建按钮。

【例 2-3】　直接创建按钮。

步骤如下：

（1）新建一个 100×35 像素文档，画布颜色为白色。

（2）执行菜单命令"编辑"→"插入"→"新建按钮"，弹出按钮编辑器如图 2-110 所示。

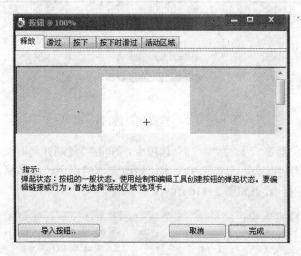

图 2-110　按钮编辑器

（3）选择工具箱中的矩形工具，在按钮编辑器中画一个宽 100 像素、高 35 像素的矩形，在矩形属性面板中设置矩形中心坐标、填充图案、矫形圆角度数等属性，如图 2-111 所示。

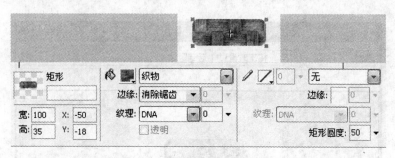

图 2-111　矩形属性设置及效果

（4）设置矩形内斜角效果，如图 2-112 所示。

（5）选择工具箱中的文本工具在矩形上添加按钮文本，文本属性如图 2-113 所示，效果如图 2-114 所示。

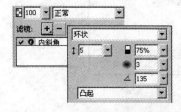
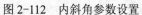

图 2-112　内斜角参数设置

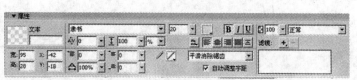

图 2-113　文本属性修改

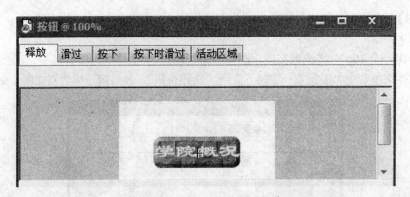

图 2-114　释放状态按钮效果

（6）单击按钮编辑器窗口上的"滑过"选项卡，单击"复制弹起时图形"按钮，将释放状态的按钮复制一份到滑过状态。单击选中文本，修改文本的颜色，文本属性如图 2-115 所示，以便与释放状态相区别，效果如图 2-116 所示。

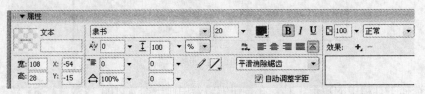

图 2-115　修改文本属性

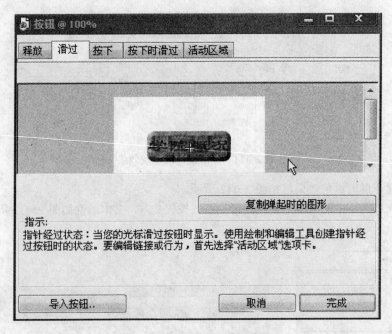

图 2-116　滑过状态按钮效果

（7）单击切换到按钮编辑器窗口上的"按下"选项卡，同第（6）步类似制作按下状态按钮效果，如图 2-117 所示。

（8）最后单击按钮编辑器上的"完成"按钮，返回到文档状态，按钮四周出现红色指示线，按钮上面加入一层淡绿色填充，表明是一个切片，代表按钮的激活区域，并且出现快捷箭头和按钮的文字，如图 2-118 所示。

图 2-117　按下状态按钮效果

图 2-118　三种状态的按钮最终效果

2.4.3.4　弹出式菜单

A　创建弹出式菜单

（1）选择菜单"修改"→"弹出式菜单"→"添加弹出式菜单"命令，出现如图 2-119 所示弹出菜单编辑器。

图 2-119　弹出菜单编辑器

（2）使用"内容"选项卡，可以创建子菜单，可使用"缩进菜单"和"左缩进菜单"按钮。

（3）使用"外观"选项卡，可设置文本格式，可应用"滑过状态"和"弹起状态"的图形样式，还可选择方向。

（4）使用"高级"选项卡，可控制附加设置，包括单元格、间距、缩进、菜单延时以及边框宽度、颜色等。

（5）在"位置"选项卡中，可以控制弹出菜单及其子菜单的位置。

B　编辑弹出式菜单

用弹出菜单编辑器，可以编辑弹出菜单的内容，或者更改四个选项卡的任一属性。

（1）选择切片后双击蓝色轮廓，打开弹出菜单编辑器，修改选项卡内容以编辑弹出菜单，然后单击"完成"按钮。

（2）在弹出菜单编辑器中，打开"内容"选项卡，双击"文本"、"链接"或"目标"文本框并编辑菜单文本，从而更改弹出菜单项。

2.4.4　Web 图像处理技能拓展

【例 2-4】　创建如图 2-120 所示的弹出菜单。

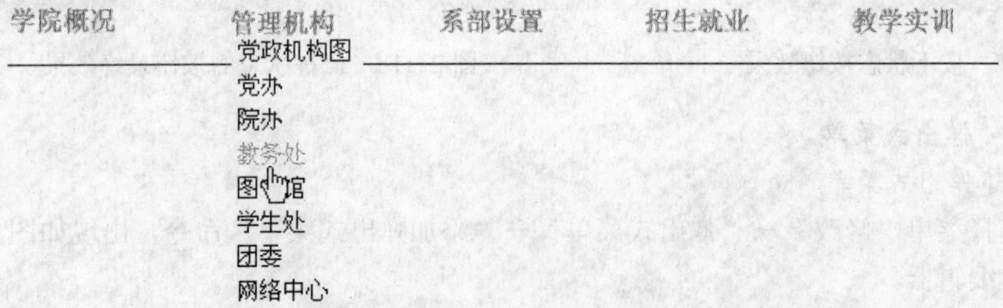

图 2-120　弹出式菜单效果图

操作步骤：

（1）新建一 600×400 文档，在窗口中写上如图 2-121 所示文字，并画上直线。

图 2-121　菜单文字

（2）单击"热点"工具 🔲 按钮，在"管理机构"文字上画出矩形区域。

（3）单击"修改"菜单，选择"弹出式菜单"中的"添加弹出式菜单"。在编辑对话框中设置，内容如图 2-122 所示。

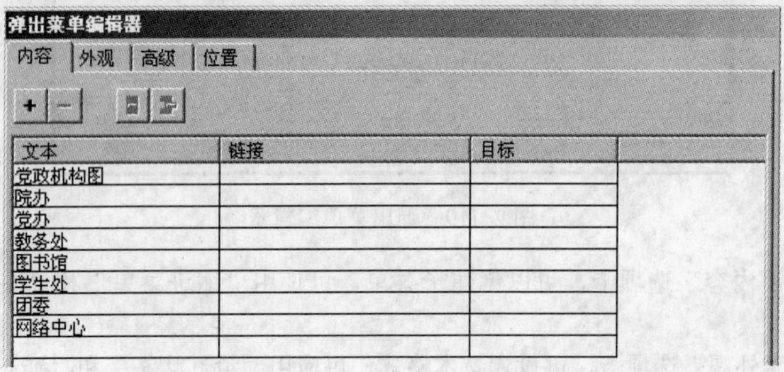

(a)

弹出菜单编辑器

内容 | 外观 | 高级 | 位置 |

单元格: ⊙ HTML(H)   ○ 图像(I)   垂直菜单 ▼

字体(F): Verdana, Arial, Helvetica, sans-serif ▼

大小(S): 14 ▼   **B** *I* ≡ ≡ ≡

弹起状态
　　文本: ■　　单元格: □

滑过状态
　　文本: ■　　单元格: □

党政机构图
院办
党办
教务处

取消　　< 后退　　继续 >　　完成

(b)

弹出菜单编辑器

内容 | 外观 | 高级 | 位置 |

单元格宽度: 81　自动 ▼

单元格高度: 24　自动 ▼

单元格边距: 3　　文字缩进: 0

单元格间距: 0　　菜单延迟: 1000 毫秒

弹出边框: □ 显示边框

边框宽度: 0　　　　阴影: □

边框颜色: □　　　　高亮: □

党政机构图
院办
党办
教务处

取消　　< 后退　　继续 >　　完成

(c)

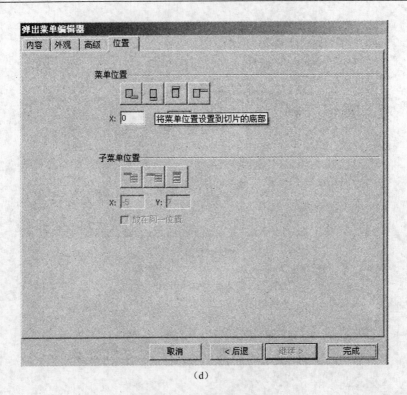

(d)

图 2-122　弹出菜单的设置

(a) 内容选项卡设置；(b) 外观选项卡设置；(c) 高级选项卡设置；(d) 位置选项卡设置

（4）设置完成后编辑效果如图 2-123 所示。

图 2-123　编辑效果

3 网站动画素材的处理

3.1 文本应用与特效

3.1.1 学习目标

3.1.1.1 知识目标

（1）掌握文本的输入与编辑。

（2）掌握文本属性设置。

（3）了解常见文字特效的制作。

3.1.1.2 技能目标

掌握利用 Flash 处理文字的技能。

3.1.2 几种特殊文字制作步骤

本章操作以 Flash 8.0 为基础。

3.1.2.1 五彩文字制作

（1）点击 Flash 界面菜单"文件"→"新建"，在弹出的对话框中选择"Flash 文档"，点击"确定"按钮新建 Flash 文档。

（2）使用文字工具输入"五彩文字"，华文新魏，大小 80 号。

（3）用选择工具选中文本，按 Ctrl+B 两次分离文字。

（4）用颜料桶选多彩线形渐变点击文字各部分，效果如图 3-1 所示。

（5）点击菜单"文件"→"导出"→"导出图像"，保存为 3_1_1.swf。

图 3-1 五彩文字效果

3.1.2.2 中空文字

（1）点击菜单"文件"→"新建"，在弹出的对话框中选择"Flash 文档"，点击"确定"按钮新建 Flash 文档。

（2）使用文字工具输入"中空文字"，隶书，80 号，黑体。

（3）用选择工具选中文本，按 Ctrl+B 两次分离文字。

（4）用墨水瓶工具给文字增加边框。

（5）用选择工具，按 Shift 键选文字实心部分，按 Delete 删除，留下边框，形成图 3-2 所示效果。

（6）点击菜单"文件"→"导出"→"导出图像"，保存为 3_1_2.swf。

图 3-2　中空文字效果

3.1.2.3　变形文字

（1）点击菜单"文件"→"新建"，在弹出的对话框中选择"Flash 文档"，点击"确定"按钮新建 Flash 文档。

（2）使用文字工具输入"FLASH"，Arial Black，60 号，黑体。

（3）用选择工具选中文本，按 Ctrl+B 两次分离文字。

（4）取消对文字选择，将鼠标移至文本边，在鼠标下方出现折线或圆弧时拖动鼠标将文本变形，效果如图 3-3 所示。

（5）点击菜单"文件"→"导出"→"导出图像"，保存为 3_1_3.swf。

图 3-3　变形文字效果

3.1.2.4　阴影文字

（1）点击菜单"文件"→"新建"，在弹出的对话框中选择"Flash 文档"，点击"确定"按钮新建 Flash 文档。

（2）使用文字工具输入"阴影文字"，华文行楷，80 号，黑体。

（3）用选择工具选中文本，按 Ctrl 键并推动鼠标复制文字，将复制文本颜色改为浅灰。

（4）选中复制的文本，用任意变形工具将文本垂直压缩、水平倾斜，调整位置后，执行菜单"修改"→"排列"→"移至底层"，效果如图 3-4 所示。

（5）点击菜单"文件"→"导出"→"导出图像"，保存为 3_1_4.swf。

图 3-4　阴影文字效果

3.1.3　文字应用与特效基础

文字和图形对象一样，也是 Flash 8.0 中非常重要并且使用广泛的一种对象。清新脱俗、独具匠心的文字设计以及文字动画设计会给 Flash 动画作品增色不少。Flash 8.0 提供了强大的文本编辑功能，用户可以方便地创建各种文本效果。

3.1.3.1 创建文本

单击绘图工具中的文本工具**A**，在舞台上单击，就会出现一个文本框，在该文本框中输入文本。

Flash 中的文本分为 3 种类型。

（1）静态文本：在影片播放过程中该类文本不会进行动态改变。

（2）动态文本：在影片播放过程中该类文本可进行动态更新。

（3）输入文本：在影片播放过程中用户输入到表单或调查表中的文本信息。

3.1.3.2 设置文本的属性

选中了文本工具后，在属性面板中会出现与文本编辑有关的一些选项。使用属性面板可以对文本的字体和段落属性进行设置，其中文本的字体属性包括字体、大小、样式、颜色、字符间距等，段落属性包括对齐方式、缩进等。静态文本属性面板如图 3-5 所示。

图 3-5 静态文本状态的属性面板

3.1.3.3 文字特效

下面通过实例来介绍使用文本工具制作立体文字特效。

利用墨水瓶、元件的制作等工具，制作立体文字效果，特效如图 3-6 所示，制作步骤如下。

图 3-6 立体文字效果

（1）新建一个 Flash 文档，对文档的属性进行修改，如图 3-7 所示。

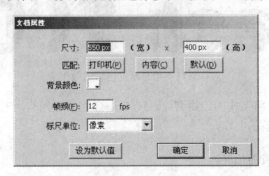

图 3-7 文档属性设置

（2）选择文本工具**A**，在属性栏中设置适当的大小和颜色，然后输入文字"Flash 2008"，将文字分离两次。

（3）选择墨水瓶工具，在其属性面板中设置文字外框颜色（红色）、笔触样式和笔触高度。然后单击文字的每一部分，给文字增加边框。删除文本中间填充部分，保留边框。然后按F8键，在打开的对话框中将文字转换为图形元件，命名后，单击确定按钮，关闭对话框。

（4）选择"窗口"→"库"，打开库面板，将刚才创建的文字元件拖入到舞台中，并复制一个元件（见图 3-8），调整文字之间的位置。选择两个元件，分离，分别选取两组文本边线重叠的部分，并将他们删除，同时再将这两组文本边线形成的立体遮挡面间的线条删除，效果如图 3-9 所示。

图 3-8   将原件拖放到舞台并复制一份后的效果

图 3-9   删除遮挡面后的效果

（5）按下"选项"选择区的"对齐"按钮，然后单击选择线条工具 ✐，将线条连接起来，如图 3-10 所示。

图 3-10   连接线条后的效果

（6）选择颜料桶工具 ⬛，在"混色器"面板中选择由白色到黑色的线性渐变填充样式，然后在连接好的文本边线中重复单击鼠标左键对文字进行填充，效果如图 3-11 所示。

图 3-11   填充渐变色后的效果

（7）按住 Shift 键，将文本的边线删除。按 Ctrl+G 组合键组合所有的文字，将文字转换为图形元件，完成文字特效的制作。

3.1.4   文字应用与特效技能拓展

参照图 3-12 所示的荧光文字效果，制作荧光文字。基本步骤提示如下：
（1）在舞台上输入文字，并进行两次分离。
（2）选择墨水瓶工具，单击文字的边框，边框线颜色设置为黄色。
（3）将文字内部区域删除。
（4）选择菜单"修改"→"形状"→"将线条转换为扩充"。

（5）选择菜单"修改"→"形状"→"柔化填充边缘"。

（6）按 Ctrl+Enter 进行测试，可观看到漂亮效果。

图 3-12　荧光文字效果

3.2　素材的导入与编辑

3.2.1　学习目标

3.2.1.1　知识目标

（1）了解素材类型分类方法。

（2）掌握外部素材导入方法。

（3）掌握素材编辑方法。

3.2.1.2　技能目标

掌握动画素材处理技能。

3.2.2　夜空挂月图的制作

（1）点击菜单"文件"→"新建"，在弹出的对话框中选择"Flash 文档"，点击"确定"按钮新建 Flash 文档。

（2）通过菜单"文件"→"导入"→"导入到库"导入从 http://www.gdsspt.net/site 的"资源下载"中下载的"第 3 章素材"里的 Y2-02a.jpg、Y2-02b.jpg 图。

（3）将舞台画布大小改为 640×480 像素（见 3.2.3 节），使之与图片大小匹配。在右边的库面板（如果没有打开，从菜单"窗口"→"库"打开）中，选中 Y2-02a.jpg，按住鼠标左键不放将该图片拖入舞台中放好。

（4）在时间轴面板上点击插入图层按钮新建"图层 2"（见 3.2.3 节），在右边的库面板中，选中 Y2-02b.jpg，按住鼠标左键不放将该图片拖入舞台中放好。

（5）选中图层 2 的图片，按 Ctrl+B 分离。

（6）使用"套索"工具的"魔术棒"，点击图层 2 的图片月亮之外的黑色部分后按 Delete 键删除，留下月亮。

（7）用"任意变形"工具（见 3.2.3 节），选中月亮，调整大小并移动到合适位置形成图 3-13 所示的夜空挂月图。

（8）点击菜单"文件"→"导出"→"导出图像"，保存为 3_2_1.swf。

3.2.3　素材处理基础

虽然 Flash 的功能非常强大，但是依然存在很多用 Flash 实现起来比较困难的工作，比如在创建三维图形时用 Flash 就很费力。这时，可以利用 Flash 的导入功能直接导入由其他程序已经创建好的图形，然后对导入的图形对象进行加工处理并且添加一些动画效果，使作品内容丰富多彩，使影片更加绘声绘色。

图 3-13　夜空挂月图

3.2.3.1　可以导入的素材类型

Flash 中可以引用的外部素材包括矢量图形、位图图像、视频、声音等元素。常用的图像文件类型有 JGEP（.jpg）、SWF、GIF、BMP、PNG 等。常用的视频文件类型有 MOV（Quick Time 影片）、AVI（音频视频交叉文件）等格式。常用的音频文件有 WAV、AIEF、MP3 等。

3.2.3.2　外部素材的导入

外部素材的导入有从外部导入以及从 Flash 8.0 的自带库中直接调用两种途径。具体操作步骤如下：

（1）执行菜单"文件"→"导入"→"导入到舞台"命令，或按 Ctrl+R 键，直接将外部素材导入到 Flash 文档的舞台中。也可以执行菜单"文件"→"导入"→"导入到库"命令将外部素材导入到库面板中。执行这两个命令都将打开"导入"对话框，如图 3-14 所示。

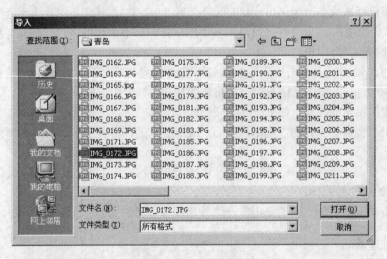

图 3-14　"导入"对话框

（2）选中需要的素材，单击"打开"按钮即可。如果导入的是视频文件，会弹出"视频导入"向导对话框，通过向导，用户可以对导入的视频进行编辑。

3.2.3.3　素材的编辑

图像、视频和声音素材导入到库面板或舞台后，可以对这些外来素材进行编辑，以适应影片的需要。这里简单介绍位图图像素材的编辑。

导入到 Flash 中的位图，可以很容易地进行优化处理：或者将位图作为填充物，或者删除位图不想要的部分，使得图像具有更好的应用效果。下面详细介绍如何处理导入的图片。

（1）选中舞台中导入的图片，属性面板中将会显示该位图的实例名称、像素尺寸和在舞台中的位置等属性，如图 3-15 所示，可以对这些内容进行修改。

图 3-15　位图属性面板

单击"交换"按钮，打开"交换位图"对话框，如图 3-16 所示，用户可以用当前文档中的其他位图实例替换选中的位图实例。

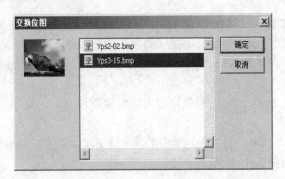

图 3-16　"交换位图"对话框

单击"编辑"按钮，可以打开一个关联的外部图像编辑器来编辑图像。

（2）修改图片中的部分区域。修改之前必须将导入的位图矢量化，有两种方法实现矢量化。

1）使用菜单"修改"→"分离"命令或者用 Ctrl+B 组合键。

2）执行菜单"修改"→"转换位图为矢量图"命令，将打开如图 3-17 所示的对话框，其中各项功能如下。

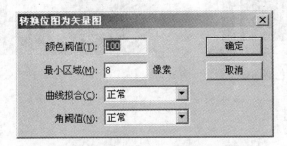

图 3-17　"转换位图为矢量图"对话框

① 颜色阈值：用来设置位图的色彩数量，范围为 0～500。值越大，转换后丢失的颜色信

息就越多，与源图像的差别就越大，创建的矢量文件也就越小；值越小，转换后丢失的颜色信息就越少，与源图像的差别越小，创建的矢量文件也就越大。

② 最小区域：用来设置色彩转换时的最小区域，范围是 1～1000，取值越大，色块越大。

③ 曲线拟合：设置曲线的平滑程度。

④ 角阈值：设置边缘细节情况。

经过以上的分离处理后，可以对图片进行局部的调整，比如颜色的调整。

3.2.4　素材处理技能拓展

利用素材（见下载的"第 3 章素材"），结合文本工具、墨水瓶工具以及混色器面板，制作金属文字效果。

（1）选择菜单"文件"→"新建"命令，新建一个 Flash 文档。

（2）选择菜单"文件"→"导入"→"导入到舞台"，选择文件 3.2.3.gif（见下载的"第 3 章素材"），导入舞台，并调整为合适的大小。

（3）选择文本工具 **A**，在舞台的外侧输入"美丽的夜色"，并将文字分离为色块，并调整每个字体的大小及形状。

（4）选择墨水瓶工具 ，在属性面板中，设置轮廓线为蓝色，线条类型为实线，线宽为"3"，依次给每个字添加边框，然后选中文字的内部填充部分，删除填充。

（5）选中所有文字，然后选择"修改"→"形状"→"将线条转为填充"菜单，将轮廓线条转换为填充格式。

（6）选择颜料桶工具 ，将填充色设定为黑白渐变填充，对文字边框填充上下的线性黑白渐变。

（7）打开"混色器"面板，设置混色器中的颜色渐变，如图 3-18 所示，并给文字运用渐变。

（8）最终效果图如图 3-19 所示。

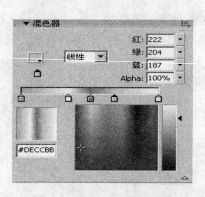

图 3-18　混色器面板

图 3-19　效果图

3.3　绘图综合实例

3.3.1　学习目标

3.3.1.1　知识目标

了解 Flash 各种图片处理工具的作用和使用。

3.3.1.2 技能目标

具备用 Flash 绘制简单图形的能力。

3.3.2 典型图形的绘制步骤

3.3.2.1 绘制花朵

（1）点击菜单"文件"→"新建"，在弹出的对话框中选择"Flash 文档"，点击"确定"按钮新建 Flash 文档。

（2）使用椭圆工具，按住 Shift 键，在舞台上绘制正圆。

（3）单击选择工具，将鼠标指针移到椭圆边缘附近，在指针下方出现一段圆弧后，按住 Ctrl 键，然后将边缘拖到椭圆中心，绘制花瓣。

（4）选择椭圆工具，填充色浅黄，笔触橘黄，笔触样式虚线，笔触高度 5，绘制花芯与花蕊，完成如图 3-20 所示的简单花朵绘制。

（5）点击菜单"文件"→"导出"→"导出图像"，保存为 3_3_1.swf。

图 3-20 简单花朵效果

3.3.2.2 彩图文字绘制

（1）点击菜单"文件"→"新建"，在弹出的对话框中选择"Flash 文档"，点击"确定"按钮新建 Flash 文档。

（2）从 http://www.gdsspt.net/site 中的"资源下载"中下载"第 3 章素材"，导入其中的图片 t2.jpg 到舞台，分离图片。

（3）用文本工具书写"彩图文字"（注意：文字不要写在图片上，写在舞台空白处），字体华文新魏，大小 80 号，分离文本两次。

（4）使用选择工具，挖空文字，然后移到背景图上。

（5）选择除文字外背景，用 Delete 删除键删除背景，形成图 3-21 所示的彩图文字。

（6）点击菜单"文件"→"导出"→"导出图像"，保存为 3_3_2.swf。

图 3-21 彩图文字效果

3.3.2.3 探照灯效果

（1）点击菜单"文件"→"新建"，在弹出的对话框中选择"Flash 文档"，点击"确定"按钮新建 Flash 文档。

（2）用线条工具绘制斜三角形。

（3）用颜料桶工具填充黑白线性渐变，在三角形中拖动。

（4）用填充变形工具调整填充色。

（5）删除三角形边线，形成图 3-22 所示的探照灯效果。

图 3-22 探照灯效果

（6）点击菜单"文件"→"导出"→"导出图像"，保存为 3_3_3.swf。

3.3.3 图形绘制基础

Flash 绘图工具箱中的工具可以为影片中的艺术作品创建和修改图形。绘图工具可以绘制位图和矢量图形，工具箱中的修改工具可以对导入的图片进行简单的编辑。

Flash 绘图工具包括绘图工具按钮、查看调整按钮、颜色工具按钮和选项设置工具 4 类。各种工具可以借助颜色修改工具和选项设置工具进一步修改所绘图片的颜色和细化绘图工具的功能，一旦某个工具被选中，它的选项设置将自动出现在工具栏下方。

3.3.3.1 线条工具

所有用来绘制形状的工具都需要设置线型和线宽，这些工具包括线条工具、钢笔工具、椭圆工具、矩形工具和铅笔工具。在选择线条工具之后，属性面板中便会显示出设置线型和线宽的选项，如图 3-23 所示。在该属性面板中可以设置以下 3 种属性。

图 3-23 线条工具的属性面板

（1）笔触颜色：单击"笔触颜色"将会显示出调色面板，可进行线条颜色的选择，如图 3-24 所示。

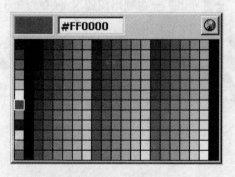

图 3-24 调色板

（2）笔触高度：可以直接在"笔触高度"框中输入笔触高度的像素数，也可以通过右边的滑块来调节线条的粗细。

（3）笔触样式：用户可以在"笔触样式"下拉列表 实线 ▼ 中选择不同的线条样式，如实线、点线等。如果想要改变线型中的一些选项以达到不同的效果，可以单击 自定义... 按钮打开"线型"对话框进行修改，如图3-25所示。

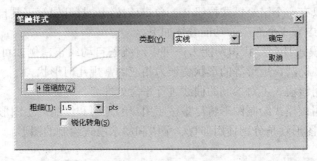

图3-25 "线型"对话框

3.3.3.2 椭圆工具、矩形工具和多边形工具

椭圆工具 ○ 、矩形工具 □ 以及多边形工具 ○ 是用于绘制椭圆、圆形、正方形和多边形。由于椭圆工具、矩形工具以及多边形工具属于同一类工具，功能大致相似，操作方法也类似，在此重点介绍椭圆工具。

在工具栏中单击椭圆工具 ○ 后，在舞台上按住鼠标左键并拖动，释放鼠标后就绘制了一个椭圆。若在拖动的过程中按住 Shift 键，可绘制一个正圆形。使用椭圆工具绘制的椭圆由轮廓和填充两部分构成。椭圆工具的属性面板如图3-26所示。在属性窗口中选中笔触颜色 ✎ □ 可以改变轮廓的颜色，选中填充颜色 ◈ ■ 可以改变椭圆的填充色，同时也可以修改轮廓的宽度和笔触样式。如果不想使绘制的椭圆显示轮廓或填充色，则可以将颜色设置为没有颜色 ☑ 。如果想填充位图，可以通过混色器面板中的填充样式下拉菜单中选择"位图"。使用椭圆工具、矩形工具和多边形工具绘制的图形如图3-27所示。

图3-26 椭圆工具的属性面板

图3-27 使用椭圆、矩形、多边形工具绘制的图形

3.3.3.3 铅笔工具

利用铅笔工具可以绘制出各式各样的线条，包括直线线段、曲线线段，甚至可以绘制出椭

圆和矩形。

使用铅笔工具绘制线条的方法几乎与使用真实的铅笔相同。选择铅笔工具 后，在舞台上按下鼠标左键并任意拖动鼠标，即可在舞台上绘制图形。在绘制时，可以选择绘制模式。铅笔工具的选项面板中只有一个铅笔模式按钮 。单击该按钮，打开铅笔工具自动修正模式选项，如图 3-28 所示。其中有 3 个选项，功能分述如下。

（1）伸直：该模式具有形状识别能力，可以对线条自动纠正，例如可以将近似的直线取直，将接近三角形、椭圆、矩形等的形状变形为相应的常规几何形状。

（2）平滑：使用该模式可对绘制的曲线进行平滑处理。

（3）墨水：使用该模式绘制图形将尽量按照用户的意愿和绘制产生图形。

图 3-29 所示的图形就是分别使用伸直、平滑和墨水模式绘制的图形。

图 3-28　铅笔的选项工具　　　　　　图 3-29　使用不同铅笔模式绘制的图形

3.3.3.4　刷子工具

使用刷子工具绘制的效果与真正画笔的绘制效果一样，可以方便绘制出不同粗细程度的线条。它的使用方法与铅笔工具类似，不同之处是使用刷子工具绘制的填充区域没有边缘线。另外使用刷子工具还可以在原色的前面或者后面进行绘图，也可以选择只在特定的填充区域或选择区域中绘图。

单击刷子工具 后，在工具选项栏设置区将出现一些针对刷子工具的选项设置，如图 3-30 所示。

图 3-30　刷子工具选项设置

在选项设置区单击刷子大小 和刷子形状 可以分别设置刷子的笔触大小和刷子形状。单击刷子模式按钮 ，可以选择相应的笔刷填充效果。按下选区中的锁定填充按钮 ，画笔工具进入锁定填充模式。锁定填充模式主要用在带有渐变或者位图图形上，在这种模式下，使用刷子工具所绘制的线条颜色都将被锁定，即使后来改变了填充色，刷子工具所绘制的填充颜色仍会保持不变。

3.3.3.5　橡皮擦工具

橡皮擦工具 用于擦除工作区中不需要的图形，包括边框和填充。选中橡皮擦工具，在工作区拖动鼠标就可以擦除图形。橡皮擦工具的选项面板如图 3-31 所示。

单击擦除模式按钮 ，可以选择擦除模式，如图 3-32 所示，功能分述如下。

图 3-31　橡皮擦工具选项设置区　　　　　图 3-32　擦除模式菜单

（1）标准擦除：正常擦除，可以擦除同一图层上的图形。

（2）擦除填色：只擦除填充部分，填充区域以外的线条都不会有影响，也就是对边框没有影响。

（3）擦除线条：只擦除边框，对填充区域没有影响。

（4）擦除所选填充：只擦除选中的填充区域，线条即使被选中也不会受影响。

（5）内部擦除：只擦除鼠标起始点所在的填充区域。

单击水龙头按钮，可以比较精确地删除鼠标击中的直线，单击橡皮擦形状按钮，可以设置橡皮擦工具的形状。

3.3.3.6　墨水瓶工具

墨水瓶工具可以用来为形状图形添加边框，也可以改变边框的颜色。单击墨水瓶工具，在墨水瓶属性面板中设置好笔触颜色、高度和样式后，在需要修改的线条或轮廓上单击，就可以将该线条改为墨水瓶工具设定的样式。如果单击一个没有轮廓线的区域，将会自动为该区域增加轮廓线。

3.3.3.7　颜料桶工具

颜料桶工具是用来填充封闭区域的，与墨水瓶工具相反。它可以填充一个空白区域，也可以改变已经着色的区域的颜色。它可以使用纯色、渐变和位图填充。选择颜料桶工具，在选择区域中可设置填充颜色，包括简单的渐变色，或者在混色器中设置填充方式，然后将鼠标移到要填充的区域上单击，即可用新设置的填充物填充被单击的对象。

选中颜料桶【选项】中的空隙大小按钮，可以修改填充的空隙模式。空隙模式共有 4 种，如图 3-33 所示，它们的功能如下。

（1）不封闭空隙：只有区域完全闭合时才能填充。

（2）封闭小空隙：当区域存在较小的空隙时可以填充。

（3）封闭中等空隙：当区域存在中等空隙时可以填充。

（4）封闭大空隙：当区域存在较大空隙时可以填充。

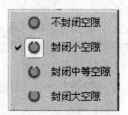

图 3-33　空隙大小模式

3.3.3.8 滴管工具

滴管工具 ✎ 是一个非常方便实用的工具，使用它可以从现有图形的线条或填充效果上取得颜色和风格信息。如果对象是线条，呈吸管状的鼠标下方就会多出一个铅笔形状；如果对象是填充区域，下方就会多出一个刷子。具体操作步骤如下：

（1）选择工具箱中的滴管工具，单击要复制并且应用到其他对象上的边框或者填充区。

（2）在其他对象的边框或者填充区域内单击鼠标左键，新的属性被应用到边框或者填充区。

3.3.3.9 填充变形工具

填充变形工具 ▤ 是用来调整颜色渐变的工具。选中填充变形渐变工具，单击线型、径向或位图填充图形的内部，即会在填充物上出现一些圆形和方形的控制柄以及线条或矩形框，用鼠标拖曳这些控制柄，可以调整填充状态，如图 3-34 所示。

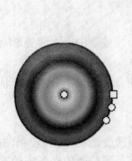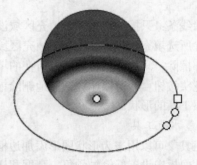

图 3-34 调整放射状渐变填充

3.3.3.10 钢笔工具

钢笔工具可以用来绘制矢量直线或曲线，也可以调节直线段的角度和长度、曲线段的倾斜度。选中钢笔工具 ✎ 按钮，在舞台上单击将会生成描点，依次单击，相邻两节点会自动连接成一条直线。如果拖动鼠标，则会改变直线的倾斜度。在绘制的同时，按住 Shift 键，则绘制出来的线段会与舞台的水平线成 45°或者 90°。

（1）要完成一个开放路径，只需要双击最后一个描点，或者单击工具箱中的钢笔工具，还可以在远离路径的地方，按住 Ctrl 键的同时单击。

（2）要完成一个封闭路径，可以将钢笔工具定位于第一个描点处，这时在笔尖旁边出现一个小圆环，然后单击或者拖动，封闭路径。

3.3.3.11 套索工具

套索工具可以用来选取部分对象。选中套索工具 ✎ 按钮，在工作区内，按住鼠标左键并且拖动，可以像使用铅笔工具那样绘制出要选择的区域，松开鼠标左键后，所套住的区域便会被选中。

当选中套索工具时，工具栏下边会出现 3 个新的选项。它们的功能分别如下：

（1）魔术棒工具 ✎，主要用于形状类似的操作，可以根据颜色的差异选择对象的不规则区域。

（2）魔术棒属性 ✎，单击该按钮后，在屏幕上会弹出"魔术棒设置"对话框，可以在此对魔术棒进行设置，如图 3-35 所示。

（3）多边形套索工具 ✎，可以绘制边为直线的多边形选择区域，在顶点处单击以开始，双击以结束。

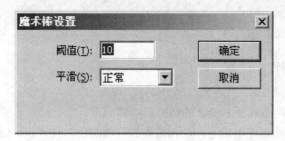

图 3-35 "魔术棒设置"对话框

3.3.4 图形绘制技能拓展

综合应用相关的图形制作工具，制作出可爱的小鸡，如图 3-36 所示。

（1）选择菜单"文件"→"新建"命令，新建一个 Flash 文档。

（2）选择椭圆工具，有边框，调整填充颜色，制作小鸡的身体，切换到选择工具，指针变成弧形时调整小鸡的身体。

（3）选择钢笔工具制作小鸡的脚，然后用部分选择工具和选择工具进行调整，完成后复制一个即可。

（4）选择笔刷工具制作眼睛。

（5）选择钢笔或者是铅笔工具制作嘴巴和翅膀。

（6）用选择工具调整小鸡的身体，绘制出鸡冠。

（7）将制作好的文件进行保存。

图 3-36 可爱小鸡效果

3.4 简单动画制作

3.4.1 学习目标

3.4.1.1 知识目标

（1）理解逐帧动画概念。

（2）掌握运动过渡动画概念。

（3）掌握形状过渡动画概念。

3.4.1.2　技能目标

能用 Flash 制作简单动画。

3.4.2　典型简单动画制作

3.4.2.1　逐帧动画

如图 3-37 所示，制作书写 1+1=2 的动画，步骤如下：

（1）新建 Flash 文档，使用铅笔，设置适当的笔触颜色、样式、高度。

（2）使用铅笔在舞台上画半个 1。

（3）单击第 2 帧，插入关键帧（或按 F6），将 1 书写完整。

（4）同理，按（2）、（3）步骤书写完整"1+1=2"。

（5）点击菜单"文件"→"导出"→"导出动画"，保存为 3_4_1.swf。

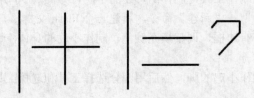

图 3-37　书写 1+1=2 的动画

3.4.2.2　运动过渡动画

如图 3-38 所示，制作五星运动动画，步骤如下：

（1）新建 Flash 文档，用多角星形工具绘五角星（参见 3.4.3 节）并填充颜色。

（2）在第 1 帧上点右键选"创建补间动画"，选 30 帧，插入关键帧（或按 F6）创建运动过渡动画。

（3）点击 30 帧，用选择工具将五角星水平移动，并在混色器中 Alpha 设为 0%。

（4）选菜单"窗口"→"设计面板"→"变形"，缩放 200%。

（5）单击 1～30 帧中任一帧，在帧面板"旋转"中选择"顺时针"，旋转次数为 2。

（6）点击菜单"文件"→"导出"→"导出动画"，保存为 3_4_2.swf。

图 3-38　五星运动效果

3.4.2.3　形状过渡动画

如图 3-39 所示，制作正方形变直角三角形动画，步骤如下：

（1）新建 Flash 文档，按 Shift 键，选矩形工具绘一正方形。

（2）选 20 帧，插入关键帧，用选择工具将正方形变为直角三角形。

（3）单击 1～20 帧中任一帧，在帧属性面板"补间"列表中选"形状"。

（4）若要精确控制形状变化，选菜单"修改"→"形状"→"添加形状提示"。可选"视图"→"显示形状提示"来显示或隐藏形状提示。

（5）点击菜单"文件"→"导出"→"导出动画"，保存为 3_4_3.swf。

图 3-39　正方形变三角形效果

3.4.3　动画制作基础

在 Flash 中，基本动画形式包括逐帧动画、补间动画。其中补间动画又包括运动补间动画和形状补间动画。

3.4.3.1　逐帧动画制作

逐帧动画也称为"帧-帧"动画。Flash 中的帧可分为关键帧、普通帧、空白关键帧、动作帧和过渡帧。各种帧的作用和基本操作如下。

（1）关键帧：帧单元格内有一个实心的圆圈，表示该帧有内容。单击选中某一个帧单元格，再按 F6 键即可插入一个关键帧。

（2）普通帧：在时间轴面板中，帧单元格背景为浅灰色的帧为普通帧，它的内容与左边的关键帧内容一样。单击选中某一帧单元格，再按 F5 键，即可将关键帧到该帧之间的所有帧变成普通帧。

（3）空白关键帧：帧单元格内有一个空心的圆圈，表示它是一个没有内容的关键帧，用户可以为该帧创建内容。

（4）空白帧：该帧没有内容。

（5）动作帧：该帧也是一个关键帧，其帧单元格中有一个字母"a"，表示在该帧中分配了动作。

（6）过渡帧：在过渡动画中两个关键帧之间的帧，它的底色为浅蓝色或浅绿色。

在逐帧动画中，每个帧都为关键帧，为每个帧创建不同的内容，这样连续播放每一帧的内容就形成了逐帧动画。逐帧动画适用于帧内图形变化较大的情况。

下面通过骏马奔腾的动画实例来介绍逐帧动画的制作方法，制作步骤如下：

（1）选择"文件"→"新建"命令，新建一个 Flash 文档。

（2）选择"文件"→"导入"→"导入到舞台"，选择文件 horse1.gif（见下载的"第 3 章素材"文件夹），出现序列的导入选择时，选择"否"，这时时间轴第一层的第一帧变为关键帧。

（3）单击第 2 帧单元格，按 F6 键，插入一个关键帧，在选择"文件"→"导入"，导入文件 horse2.gif。

（4）按照上面的方法，依次导入文件 horse3.gif、horse4.gif 一直到 horse10.gif。

（5）各帧制作完毕后，回车播放动画，完成逐帧动画制作。时间轴如图 3-40 所示。

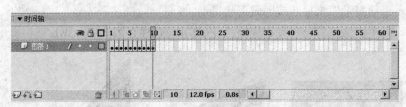

图 3-40　逐帧动画的帧

3.4.3.2　补间动画制作

逐帧动画的制作比较烦琐，效率不高，因此在制作动画的过程中应用最多的还是补间动画效果。补间动画是一种比较有效的产生动画效果的方式，同时还能尽量缩小文件的大小。在 Flash 中，可以生成两种类型的补间动画效果，一种是运动补间效果，另一种是形状补间动画效果。

（1）动作补间动画。动作补间动画主要指对象的移动，大小、颜色的改变，旋转和淡入淡出等动画效果。

（2）形状补间动画。形状补间动画也称为变形动画，即对象由一种形状逐渐变为另外一种形状。形状补间不能对组、实例或位图图像应用形状过渡，必须是被打散的形状图形之间才能产生形状补间动画效果，对于文本而言，需将文本分离两次。

3.4.4　动画制作技能拓展

制作一支蜡烛逐渐变化成铃铛的动画，步骤如下：

（1）选择菜单"文件"→"新建"，新建一个 Flash 文档。

（2）选择菜单"文件"→"导入"，从"第 3 章素材"导入 3.4.1.gif，分离两次，用魔术棒工具，将图片中黑色背景去掉，只保留蜡烛。

（3）单击单元格第 30 帧，按 F6 键，插入一个关键帧。选择菜单"文件"→"导入"，从"第 3 章素材"导入 3.4.2.gif，分离两次，用同样的方法去掉黑色背景，只保留铃铛。

（4）单击第一帧，选择菜单"修改"→"形状"→"添加形状提示"，在蜡烛中会出现一个形状提示符号。单击 1～30 帧中任意一帧单元格，在帧属性面板中的"补间"列表中选择"形状"选项，完成形状过渡动画制作。

（5）按 Ctrl+Enter 组合键测试影片，观看动画效果，动画效果截图如图 3-41 所示。

图 3-41　动画效果

（从左向右依次是第 1、20、30 帧处的形状变形）

　　在使用形状提示的时候，可以选择"视图"→"显示形状提示"来显示或隐藏形状提示。若要删除某个形状提示，在形状提示上右击，在快捷菜单中选择"删除提示"，同时也可以删除所有形状提示。

3.5　动画制作工具的使用

3.5.1　学习目标

3.5.1.1　知识目标

（1）理解元件与实例的概念。

（2）理解引导层的概念。

（3）理解遮罩层的概念。

3.5.1.2　技能目标

熟悉并掌握 Flash 动画工具使用能力。

3.5.2　应用动画制作工具实例

3.5.2.1　元件——旋转花朵影片剪辑

（1）新建 Flash 文档，选择菜单"插入"→"新建元件"（创建影片剪辑）。

（2）绘制花朵，在第 1 帧"创建补间动画"，第 30 帧插入关键帧。

（3）单击任一帧，在帧属性面板中设置"旋转"属性为顺时针旋转。

（4）点击菜单"文件"→"保存"，保存为 3_5_1.fla。

3.5.2.2　引导层——花朵飘落

（1）点击菜单"文件"→"打开"，打开上面创建的 3_5_1.fla，在右边的库面板（如果没有打开，从菜单"窗口"→"库"打开）将花朵影片剪辑拖入舞台。

（2）在第 1 帧点右键选"创建补间动画"，第 60 帧插入关键帧。

（3）在时间轴面板的左面点击"运动引导层"图标，插入运动引导层，用"铅笔"工具在舞台上画连续曲线，作为花朵飘落路径（见图 3-42）。

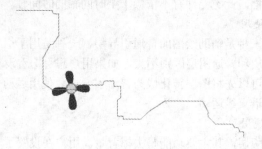

图 3-42　花朵飘落效果

（4）点击第 1 帧，将花朵放在路径上面一端，随后点击 60 帧，将花朵放在路径下面一端。

（5）点击菜单"文件"→"另存为"，保存为 3_5_2.fla，同时导出动画 3_5_2.swf。

3.5.2.3　遮罩层——聚光灯效果

（1）新建 Flash 文档，导入图像 t2.jpg（见下载的"第 3 章素材"文件夹）到舞台。

（2）新建图层 2，绘制一椭圆，在第 1 帧上点击右键选"创建补间动画"，第 30 帧插入关键帧，并在第 30 帧上移动椭圆，创建运动过渡动画。

（3）单击图层 1 的第 30 帧，插入帧，延展第 1 帧图像。

（4）选图层 2，右键选"遮罩层"，如图 3-43 所示。

图 3-43　聚光灯效果

（5）点击菜单"文件"→"导出"→"导出动画"，保存为 3_5_3.swf。

3.5.3　动画制作工具使用基础

前面介绍了 Flash 基本动画的制作，这一节介绍复杂动画的制作，内容包括元件和实例的概念和创建方法以及引导层与遮罩层的使用。图层是 Flash 中的一个重点，使用图层有许多的好处，其中最明显的就是可以将复杂场景以及动画放置在不同的图层上，使得用户对动画的制作和编辑修改更加方便。用户使用特殊的运动引导层和遮罩层可以创建复杂的动画效果。

3.5.3.1　元件与实例

元件是 Flash 动画中可以重复使用的元素。在 Flash 中，元件分为三种类型：图形元件、按钮元件、影片剪辑。

（1）图形元件：适用于静态图像的重复使用，或创建与主时间轴关联的动画。用户不能为图形元件提供实例名称，也不能在动作脚本中引用图形元件。

（2）按钮元件：包含针对不同按钮状态的特殊帧。通过使用按钮元件，可以在 Flash 动画中创建交互的按钮。

（3）影片剪辑：影片剪辑中可以包含图形、视频片段、声音、文字等其他元件，在许多方面都类似于文档内的文档。此类元件有不依赖于主时间轴的时间轴。

3.5.3.2　引导层的使用

引导层分为两种，一种是辅助绘图的普通引导层，一种是用于引导舞台对象沿路径运动的运动引导层。普通引导层和普通图层区别不大。如果用户想看一看没有某一个图层时 Flash 动画会变成什么样子，就可以先将图层转化成为普通引导层。使用运动引导层，可以改变物体的运动路径，而不单纯是沿直线运动。

3.5.3.3　遮罩层的使用

遮罩层也被称为蒙版层，其主要功能是去掉背景。用户在设置了一个遮罩层之后，就可以遮住视线中的某些区域。应用遮罩层需要使一个图层成为遮罩层，而使它下面的图层成为被遮罩的图层。

3.5.4　动画制作工具使用技能拓展

光影变换文字的效果如图 3-44 所示，动画播放时，文字在光影的移动下产生渐变效果。本例主要应用到了补间动画制作方法以及遮罩层的应用。光影文字的制作步骤如下：

（1）选择菜单"文件"→"新建"，新建一个 Flash 文档，设置背景为蓝色，用矩形工具绘制矩形，填充黑白过渡渐变（通过修改七色渐变实现），如图 3-45 所示。

图 3-44 效果图　　　　　　　　　　　图 3-45 渐变矩形

（2）新建图层 2，增加浅蓝色填充文字"光影文字"，按 Ctrl+B 分离文字两次。

（3）新建图层 3，拷贝图层 2 的文字并选择"粘贴到当前位置"，粘贴到图层 3。

（4）选择图层 2，用菜单"修改"→"形状"→"柔化填充边缘"。

（5）选中图层 1 的第 1 帧，创建动作补间动画，用鼠标向左拖动矩形图片至其右边缘刚好与文字右边缘对齐。

（6）鼠标右键单击图层 1 的第 30 帧，在第 30 帧处插入关键帧。再依次选择图层 2、图层 3 的第 30 帧，插入帧，使两个图层的帧数增加至 30 帧。同样，用鼠标拖动图层 1 的第 30 帧中的矩形图片至其左端刚好与文字左端对齐。

（7）选择图层 3，点击工具栏中的油漆桶工具，并将油漆桶工具栏中的填充颜色设置成与前面矩形填充颜色相同的黑白渐变。

（8）对图层 2 运用"遮罩层"。

（9）按 Ctrl＋Enter 键，测试光影文字效果，效果如图 3-44 所示。

3.6 动画综合技能训练

3.6.1 学习目标

3.6.1.1 知识目标
掌握 Flash 动画制作综合知识。

3.6.1.2 技能目标
掌握 Flash 动画的制作技能。

3.6.2 几类典型动画的制作

3.6.2.1 单摆运动

（1）新建 Flash 文档，创建新元件，选椭圆工具，填充黑白放射渐变，绘制小球，然后选直线工具画摆线。

（2）回场景 1，选铅笔工具，笔触高度为 5，画单摆横梁，拖动两个单摆元件到图层 1 作为不动的两小球。

（3）单击图层 1 的第 40 帧，插入帧延展第 1 帧图像。

（4）新建图层 2，拖动元件到此层作为左单摆，调整好位置，用任意变形工具调整单摆中心到摆线上方，在第 1 帧处创建补间动画，在第 10、30、40、50 帧处插入关键帧，单击第 1 帧，选择菜单"窗口"→"设计面板"→"变形"，将左单摆旋转 45°。

（5）新建图层 3，按上述方法制作右单摆。

（6）调整加速度：点击图层 2 的第 1～10 帧中任一帧，在下面的帧面板属性设置"缓动"值为–100，点击图层 2 的第 30～40 帧中任一帧，在帧面板属性设置"缓动"值为 100。点击图层 3 的第 10～20 帧中任一帧，在帧面板属性设置"缓动"值为 100，点击第 20～30 帧中任一帧，在帧面板属性设置"缓动"值为–100。

（7）点击菜单"文件"→"保存"，保存为 3_6_1.fla，同时导出动画 3_6_1.swf，某时刻的动画效果如图 3-46 所示。

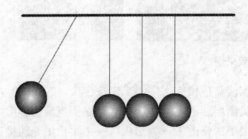

图 3-46　单摆运动效果

3.6.2.2　卫星与地球轨道运动

（1）双击 Windows 操作系统任务栏右下角时间（见图 3-47），选择"时区"选项卡，按住"Alt+Print"组合键拷贝地球图片窗口，打开画图软件，剪切出地球图片。

图 3-47　地球图片的获取

（2）新建 Flash 文档，创建影片剪辑元件，将地球图片粘贴到舞台，按住 Ctrl 键拖动地球复制一份，移到原图右侧，选菜单"修改"→"组合"将两幅图群组。

（3）新增图层 2，点击第 1 帧，利用椭圆工具绘制无边黑圆，将黑圆移到地球图的左侧，单击图层 2 第 60 帧，插入帧，将第 1 帧内容延长。

（4）单击图层 1 的第 1 帧，创建补间动画，在第 60 帧处插入关键帧，水平移动地球展开图，创建运动过渡动画。

（5）点击右键，将图层 2 设置为遮罩层。

（6）新增图层 3，用椭圆工具绘制与前面圆一样的灰色透明圆球（放射渐变），单击第 60 帧，插入帧，将第 1 帧内容延长。

（7）切换到场景 1，用椭圆工具绘制椭圆轨道，复制层，绘制卫星。

（8）设置椭圆轨道层为引导层。

（9）移动卫星绕椭圆轨道运动，如图 3-48 所示。

（10）点击菜单"文件"→"保存"，保存为 3_6_2.fla，同时导出动画 3_6_2.swf。

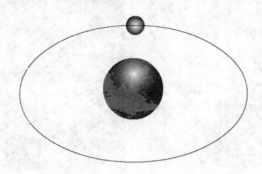

图 3-48　卫星与地球轨道运动效果

3.6.2.3　雾气飘动

（1）打开 Photoshop 软件，点击菜单"文件"→"新建"，在弹出的对话框的"背景内容"选"透明"，点击"确定"后打开新文档，将背景色设为白色，前景色设为黑色。按 Q 键设置快速蒙版，选择菜单"滤镜"→"渲染"→"云彩"。按 Q 键退出快速蒙版，用颜料桶工具填充选取（前景色设为白色），点击菜单"文件"→"存储为"，在弹出的对话框的"格式"中选 png 格式，文件名为 a.png。

（2）在 Flash 中导入 yw.jpg（见下载的"第 3 章素材"文件夹）到舞台，再新建图层 2，导入 a.png。

（3）将图层 2 做成上下移动的运动过渡动画，实现雾气飘动，如图 3-49 所示。

（4）点击菜单"文件"→"保存"，保存为 3_6_3.fla，同时导出动画 3_6_3.swf，动画效果截图如图 3-49 所示。

图 3-49　雾气飘动效果

3.6.3　动画综合技能训练基础

卷轴效果如图 3-50 所示。动画播放时，首先看到的是一幅风景图，接下来可以看到另一幅风景图以卷轴的方式显示出来，逐渐覆盖第一幅风景图。本例主要用到了补间动画和遮罩层。卷轴效果的制作步骤如下：

图 3-50　卷轴效果

（1）选择菜单"文件"→"新建"，新建一个 Flash 文档，文档大小为宽 550 像素，高 400 像素。

（2）选择菜单"文件"→"导入"→"导入到舞台"，导入风景图 3.6.3.jpg（见下载的"第 3 章素材"），并调整图片的大小。

（3）选择"图层 1"的第 40 帧，插入关键帧，并将图层 1 锁定。

（4）插入"图层 2"，选择第 1 帧，选择菜单"文件"→"导入"→"导入到舞台"，导入风景图 3.6.4.jpg（见下载的"第 3 章素材"），并调整图片的大小。

（5）新建"图层 3"，选择"图层 3"的第 5 帧，插入关键帧，选择"矩形工具"，在舞台中绘制一个没有边框的矩形，并调整其大小，使其覆盖整个舞台。

（6）选择"图层 3"第 35 帧，插入关键帧，然后将绘制的矩形拖曳到舞台的右边。选择第 5 帧，在属性面板中选择"形状"补间，创建形状补间动画。

（7）新建"图层 4"，选择第 5 帧，插入关键帧，选择"矩形工具"，绘制一个与舞台同高无边框的矩形，如图 3-51 所示，然后将其放置到舞台的左边。

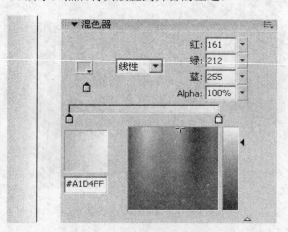

图 3-51　绘制及设置矩形

（8）选择"图层 4"第 35 帧，插入关键帧，然后将矩形拖曳到舞台的右边，选择第 5～35 帧中间任意一帧，在属性面板中选择"形状"补间，创建补间动画。

（9）在"图层 3"名称处单击鼠标右键，将"图层 3"设置为遮罩层。

（10）按 Ctrl+Enter 键，测试卷轴效果。

3.6.4 动画制作综合技能拓展

利用素材 3.4.jpg，3.5.jpg，3.6.jpg，3.7.jpg、3.8.jpg（见从 http://www.gdsspt.net/site 下载的"第 3 章素材"），制作图片切换效果一景点介绍。制作步骤如下：

（1）选择"文件"→"新建"，新建一个 Flash 文档。

（2）选择"插入"→"新建元件"命令，新建名为 001 的图形元件。

（3）选择"文件"→"导入"→"导入到舞台"，导入一幅风景图。

（4）以同样的方法创建 002、003、004、005 图形元件，并分别导入其他 4 幅图片。

（5）回到场景 1，新建 6 个图层。

（6）在图层 1 的第 1 帧上单击，拖曳库面板中的 001 元件到编辑区，并调整其大小，在第 5、10、15 帧处分别插入关键帧。

（7）选择第 1 帧内的对象，在属性面板中设置颜色为 Alpha，其值为 0%。

（8）同样的方法，将第 15 帧内的对象也设置为透明。

（9）分别在第 1、10 帧上单击鼠标右键，在弹出的快捷菜单中选择"创建补间动画"，设置移动渐变动画。

（10）在图层 2 上输入文字"起舞的鹤"，设置大小为"36"，颜色为淡蓝色，按 F8 键，将文字转换成图形元件。

（11）选择该元件实例，在其属性面板中将此对象摆放在 X 为 211，Y 为 233 的位置。

（12）在第 10 帧按 F6 键，将其设置为关键帧，在第 15 帧按 F5 键将帧延伸至第 15 帧。

（13）选择第 1 帧内的对象，在属性面板中设置颜色为"Alpha"，值为"0%"，将此帧的对象设置为透明。

（14）选择第 10 帧的对象，在其属性面板中设置摆放的位置 X 为 350，Y 为 233。

（15）在第 1 帧上单击鼠标右键，在弹出的快捷菜单中选择"创建补间动画"，并设置渐变移动。

（16）在图层 3 的第 15 帧上按 F7 键插入空白关键帧。

（17）拖曳库面板中的 002 元件至编辑区，并调整其大小。

（18）在图层 3 的第 20、25、30 帧，各插入关键帧。

（19）分别选择第 15、30 帧的对象，在属性面板中设置颜色为 Alpha，值为 0%，将此帧内的对象设置为透明。

（20）在第 15、25 帧上单击鼠标右键，在弹出的快捷菜单中选择"创建补间动画"，并添加移动效果，完成对象的淡入淡出效果。

（21）按同样的方法，完成其他三个图层上对象的淡入淡出与移动渐变效果的制作。

（22）按 Ctrl+Enter 组合键测试动画效果。

3.7 动画构件的使用

3.7.1 学习目标

3.7.1.1 知识目标

掌握动画构件的应用知识。

3.7.1.2 技能目标

具备修改已有动画构件完成网站片头动画的制作能力。

3.7.2 "紫日茶叶公司"网站头部动画制作步骤

（1）选择构件 flash001.fla（见下载的"第 3 章素材"文件夹），并在 Flash 软件中将其打开。

（2）在 Firework 软件中打开紫日公司标志 flag.gif，用魔术棒工具选择标志白色部分，点击菜单"选择"→"反选"，用油漆桶工具将选区部分填充颜色#57874D，点击菜单"文件"→"另存为"文件 flag1.gif。

（3）在 Flash 软件中，通过"文件"→"导入"→"导入到库"，导入 flag1.gif，在右边库面板（如果没有打开，从菜单"窗口"→"库"打开）选择元件 22（公司标志），双击图片编辑元件 22，将原来图片用 flag1 替换。

（4）编辑元件 24，将文字"万泰集团"改为"紫日茶叶"。

（5）编辑元件 26，参照 3.6.2.3 节中雾气飘动的操作，根据素材 banner_index.jpg 和 a.png，制作雾气飘动茶园，注意将图片大小改为 800×188。

（6）在时间轴面板中，删除文字图层、图层 24、图层 23。

（7）将舞台大小改为 800×188，在图层 14 上点击右键，取消遮罩层，将图层 13 的锁定标志去掉，调整图层 13 的茶园图片与舞台匹配。

（8）将图层 14 的锁定标志去掉，用任意变形工具调整 30、40、50、60、70 这 5 帧，使其变化范围能覆盖整个舞台。

（9）点击菜单"文件"→"保存"，保存为 3-7-1.fla，同时导出动画 3-7-1.swf。

3.7.3　构件基本知识

3.7.3.1　构件的概念

构件是使软件走向工业化的一种软件标准件，它是可复用的软件组成成分，是可被用来快速构造其他软件的预制的特殊软件。构件可以是被封装的对象类、类树、一些功能模块、软件框架、软件构架（或体系结构）、文档、分析件、设计模式等。构件分为构件类和构件实例，通过给出构件类的参数，生成实例，再通过实例的组装和控制来构造相应的应用软件。其实质上是对已存在的软件开发知识（开发过程和技能）和软件开发各阶段的各种结果的重复使用。

3.7.3.2　构件的基本属性

从广义上来说，构件有如下的几个基本属性：

（1）构件是可独立配置的单元，因此构件必须自包容。

（2）构件强调与环境和其他构件的分离，因此构件的实现是严格封装的，外界没机会或没必要知道构件内部的实现细节。

（3）构件可以在适当的环境中被复合使用，因此构件需要提供清楚的接口规范，可以与环境交互。

（4）构件不应当是持续的，即构件没有个体特有的属性，也即构件不应当与自身副本区别。

从以上四个属性可以看出，构件沿袭了对象的封装特性，但同时并不局限在一个对象，其内部可以封装一个或多个类、原型对象甚至过程，结构是灵活的。构件突出了自包容和被包容的特性，这是在软件工厂的软件开发生产线上作为零件的必要特征。

3.7.3.3　构件的构造原则

构件是给人们可复用的软件标准件，因此，构件必须由构件开发商预先开发、预先构造，构件提供商应该非常明确构件系统的目标、方向，确定构件的构造原则。

构件构造基本原则是：一开始就把重用性作为初始设计的一个目标，所有构件的构造目的都是为组装其他应用所复用和共享。因此，从构件分析、设计到构件提取、描述、认证、测试、分类和入库，都必须围绕重用这个目的而进行。

3.7.3.4　构造构件要遵循的其他原则

（1）增强构件的可重用性需要提高抽象的级别，应有一套有关名字，异常操作，结构的标准。

（2）可理解性，必须伴随有完整、正确、易读的文档，具有完整的说明，有利重用。

（3）构件代表一个抽象，有很高的内聚力，提供一些所需的特定操作、属性、事件和方法接口。

（4）提高构件的重用程度，分离功能构件，将可变部分数据化、参数化，以适合不同的应用需求。

（5）构件的尺寸大小、复杂度适中。

（6）构件要易于演化，数据与其结构是封装在一起，数据存放在数据构件对象中，能主动解释其结构。

3.7.4　动画构件使用技能拓展

对下载的"第 3 章素材"中的 flash001.fla 进行适当的修改，制作出图 3-52 所示的动画效果，提示步骤如下：

（1）在 Flash 软件中，通过菜单"文件"→"导入"→"导入到库"，导入 flag1.gif，在右边库面板（如果没有打开，从菜单"窗口"→"库"打开）选择元件 22（公司标志），双击图片编辑元件 22，将原来图片用 11111.gif 替换。

（2）编辑元件 24，将文字"万泰集团"改为"紫日茶叶"。

（3）在时间轴面板中，对文字图层、图层 24、图层 23 进行修改，将文字改为"绿色环保"。

（4）编辑元件 26，将其中的图片替换为 banner_index1.jpg。

（5）再新建一个图层，放在最下面，在大约 298 帧的位置插入关键帧，拖入图片 banner_index1.jpg。

（6）点击菜单"文件"→"保存"，保存为 3-7-2.fla，同时导出动画 3-7-2.swf。

图 3-52　动画效果

4 网页的编辑

4.1 文本、图像及超链接

4.1.1 学习目标

4.1.1.1 知识目标
（1）学会文本、图像编辑和插入的基础知识。
（2）学习超链接的基本知识。

4.1.1.2 技能目标
（1）学会在网页中进行文本的输入和编辑，掌握空格和实现文本换行的方法。
（2）掌握对网页文本格式进行设置，能在网页中插入水平线和日期。
（3）学会图像的插入和属性设置方法。
（4）掌握创建外部链接和内部链接的方法，学会创建 E-mail 链接和图像映射的方法。
（5）掌握测试链接有效性的操作。

4.1.2 含文本、图像及超链接的网页制作步骤

本章的操作以 Dreamweaver 8.0 为基础。

（1）打开 Dreamweaver，新建网页，保存网页至目录"第 4 章素材\4.1 文本图像链接\教学案例"下。

（2）在网页中输入如图 4-1 中的文字。注意其中的日期和水平线的插入方法：

内诚于心 外信于人

发布时间：2009年3月25日　作者：严峰

　　诚实守信是中华民族的传统美德。哲人说："不言而无信，不知其可也"，诗人说："三杯吐然诺，五岳倒不轻"都是极言诚信的重要，几千年来，"一诺千金"的佳话不绝于史，广为流传。诚实守主信是一个人立足社会的基础，也是一个人应有的基本道德品质。

　　有人说："一个人的诚信比专业能力更重要。"诚然，专业能力是重要，但是能力不足可以通过努力学习，勤能补拙。而诚信不足，必将无立足之地，再出色也无补。"内诚于心"是内在的一种品质、信念，"外信于人"是在与他人或社会交往时所表现出来的具体行为及其价值指向，所以"诚实"和"守信"是相互统一的，守信是以诚实为基础的，离开诚实就无所谓守信。

【 茶诗茶赋 】【推荐给好友】【联系管理员】

图 4-1　网页效果

1）插入日期：在插入日期处定位光标，单击菜单"插入/日期"，或者单击"插入"工具栏的"日期"按钮 ⑲ （见图 4-2），弹出"插入日期"对话框，根据效果将对话框参数设置如图 4-3 所示。

图 4-2 "常用"插入工具栏

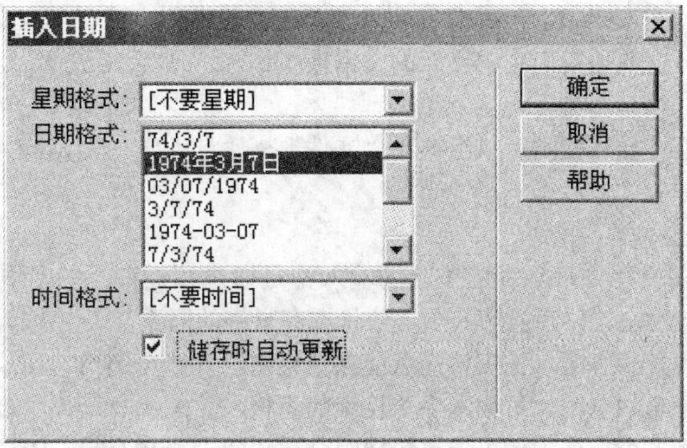

图 4-3 "插入日期"对话框参数设置

2）插入水平线：在对应插入处的上一行末尾定位光标，单击菜单"插入"→"HTML"→"水平线"，或者单击"插入"工具栏切换到"HTML"，单击"水平线"按钮 ，如图 4-4 所示，即可插入一条水平线。

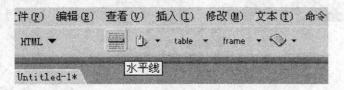

图 4-4 插入水平线

（3）设置文本格式。选择页面第 1 行和第 2 行标题文字进行设置，设置文字对齐属性为"居中对齐"，然后选择标题文字"内诚于心 外信于人"设置文字加粗效果。正文文字格式设置：同段文字间换行采用组合键 Shift+Enter，换段采用 Enter 键。设置完成后文字格式效果如图 4-1 所示。

（4）插入图像。在对应的第二条水平线后回车，光标定位在下一行，执行菜单"插入"→"图像"。分别插入从 http://www.gdsspt.net/site "资源下载"中下载的"第 4 章素材\4.1 文本图像链接\教学案例\images"下的"cp1.gif"、"cp2.gif"、"cp3.gif"、"cp4.gif"四张图片，并简单调整排列位置，最终效果参照图 4-1。

（5）创建超链接。

1）选择第二行中的文字"作者"，在"属性面板"的"链接"文本框中输入"mailto：

yanfeng@163.com"

2）选中页面中文字"茶诗茶赋"，在"属性面板"中，单击"链接"文本框中右边的"浏览文件"按钮 🗐，在弹出的"选择文件"对话框中选择"1_1.html"。

（6）保存并预览网页效果。

4.1.3 文本、图像及超链接应用基础

4.1.3.1 文本操作

A 输入文本

要向 Dreamweaver 文档添加文本，有 3 种方法。

（1）直接键入：在 Dreamweaver 文档窗口中单击定位输入点进行输入文本。

（2）复制粘贴：在其他窗口选中需要的文本按 Ctrl+C，然后 Ctrl+V 复制到 Dreamweaver 文档窗口插入点处。

（3）从 Word 文档导入文本：执行菜单"文件"→"导入"→"Word 文档"，可导入已有 Word 文档。

B 输入空格

一般来说，很多文字处理软件中空格的输入都是通过按键盘上的空格键实现的，但是在 Dreamweaver 中空格的输入与字符输入全半角状态有紧密的联系。

（1）输入法为半角状态时，按空格键只能在文档中输入一个空格。

（2）输入法为全角状态时，可输入多个连续的空格。

另外，如需输入多个空格，还可通过快捷组合键"Ctrl+Shift+SpaceBar"实现。

如果希望能实现直接按空格键就可实现空格的连续输入，可通过执行菜单"编辑"→"首选参数"，在弹出的对话框中左侧的分类列表中选择"常规"项，然后在右侧选"允许多个连续的空格"项，这样就可以直接按"空格"键给文本添加空格了，如图 4-5 所示。

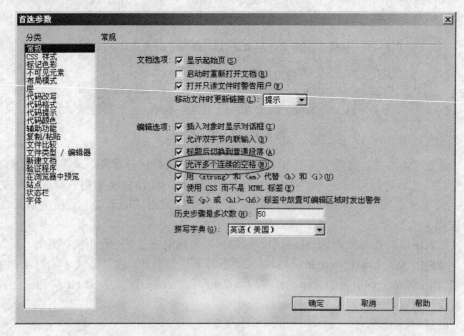

图 4-5 "首选参数"对话框

C　编辑文本格式

网页的文本分为段落和标题两种格式。

在文档编辑窗口中选中一段文本，在属性面板的"格式"下拉列表框中选择"段落"把选中的文本设置成段落格式（见图4-6）。

"格式"下拉列表中的"标题 1"到"标题 6"分别表示各级标题，应用于网页的标题部分。对应的字体由大到小，同时文字全部加粗。

另外，在属性面板中还可以定义文字的字号、颜色、加粗、加斜、水平对齐等内容。

图4-6　"文本"属性面板

D　文字的其他设置

（1）文本换行：按 Enter 键换行的行距较大（在代码区生成<p></p>标签），按 Enter+Shift 键换行的行间距较小（在代码区生成
标签）。

（2）特殊字符：要向网页中插入特殊字符，需要在快捷工具栏选择"文本"，切换到字符插入栏，单击文本插入栏的最后一个按钮，如图4-7所示，可以向网页中插入相应的特殊符号。

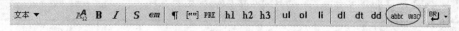

图4-7　"插入特殊符号"按钮

（3）插入列表：列表分为有序列表和无序列表两种，无序列表没有顺序，每一项前边都以同样的符号显示，有序列表前边的每一项有序号引导。在文档编辑窗口中选中需要设置的文本，在属性面板中单击"项目列表"按钮 ，则选中的文本被设置成无序列表，单击"编号列表"按钮 则被设置成有序列表。

（4）插入水平线：水平线起到分隔文本的排版作用，选择快捷工具栏的"HTML"项，单击 HTML 栏的第一个按钮"水平线"按钮 ，即可向网页中插入水平线。选中插入的这条水平线，可以在属性面板对它的属性进行设置。

（5）插入时间：在文档编辑窗口中，将鼠标光标移动到要插入日期的位置，单击"常用插入栏"的"日期"按钮，在弹出的"插入日期"对话框中选择相应的格式即可。

4.1.3.2　图像操作

目前互联网上支持的图像格式主要有 GIF、JPEG 和 PNG，其中使用最为广泛的是 GIF 和 JPEG。

A　插入图像

在制作网页时，先设计好网页布局，在图像处理软件中处理需要插入的图片，然后存放在站点根目录下的文件夹里。

插入图像时，将光标放置在文档窗口需要插入图像的位置上，然后鼠标单击常用插入栏的"图像"按钮，如图4-8所示。

弹出的"选择图像源文件"对话框，选择路径及文件，单击"确定"按钮就把图像插入到了网页中。

图 4-8　"插入图像"按钮

> 注意
>
> 　　如果在插入图片的时候，没有将图片保存在站点根目录下，会弹出图 4-9 所示的对话框，提醒用户把图片保存在站点内部，这时单击"是"按钮，然后选择本地站点的路径将图片保存，图像也可以被插入到网页中。

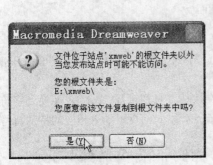

图 4-9　"插入图像"保存至站点提示

B　设置图像属性

选中图像后，属性面板中显示图像的属性，如图 4-10 所示。

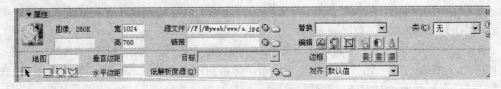

图 4-10　"图像"属性面板

　　图像的大小是可以改变的，但是在 Dreamweaver 里更改是极不好的习惯。如果电脑安装了 Fireworks 软件，单击属性面板"编辑"旁边的，即可启动 Fireworks 软件对图像进行缩放等处理。当图像的大小改变时，属性栏中"宽"和"高"的数值会以粗体显示，并在旁边出现一个弧形箭头，单击它可以恢复图像的原始大小。

　　"水平边距"和"垂直边距"文本框用来设置图像与其他页面元素的左右和上下距离。

　　"边框"文本框用来设置图像边框的宽度，默认的边框宽度为 0。

　　"替代"文本框用来设置图像的替代文本，可以输入一段文字，当图像无法显示时，将显示这段文字。

　　单击属性面板中的对齐按钮，可以分别将图像设置成浏览器居左对齐、居中对齐、居右对齐。

　　在属性面板中，"对齐"下拉列表框可设置图像与文本的相互对齐方式，共有 10 个选项。

通过它可以将文字对齐到图像的上端、下端、左边和右边等位置，从而可以灵活的实现文字与图片的混排效果。

C 插入其他图像元素

在单击常用插入栏的"图像"按钮时，可以看到，除了第1项"图像"外，还有"图像占位符"、"鼠标经过图像"、"导航条"等项目。

（1）插入图像占位符。布局页面时，如果要在网页中插入一张图片，可以先不制作图片，而是使用占位符来代替图片位置。单击下拉列表中的"图像占位符"，打开"图像占位符"对话框，如图4-11所示。按设计需要设置图片的宽度和高度，输入待插入图像的名称，即可。

图 4-11 "图像占位符"对话框

（2）鼠标经过图像。鼠标经过图像实际上由两个图像组成，主图像（当首次载入页时显示的图像）和次图像（当鼠标指针移过主图像时显示的图像）。这两张图片要大小相等，如果不相等，Dreamweaver 自动调整次图片的大小跟主图像大小一致。鼠标经过图像对话框如图4-12所示。

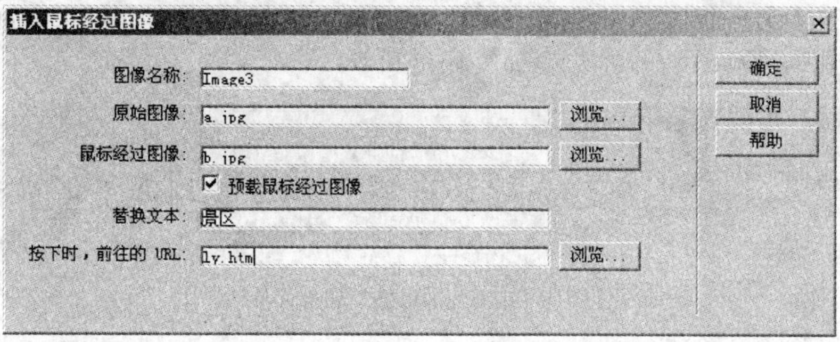

图 4-12 "插入鼠标经过图像"对话框

图片与文本一样，是网页中最常用到的内容，注意掌握图像的属性操作与图文混排的方法。

4.1.3.3 设置超级链接

链接是一个网站的灵魂，一个网站是由多个页面组成的，而这些页面之间依据链接确定相互之间的导航关系。

超级链接是指站点内不同网页之间、站点与 Web 之间的链接关系，它可以使站点内的网页成为有机的整体，还能够使不同的站点之间建立联系。超级链接由两部分组成：链接载体和链接目标。许多页面元素可以作为链接载体，如文本、图像、图像热区、动画等。链接目标可以是任意网络资源，如页面、图像、声音、程序、其他网站、E-mail 甚至是页面中的某个位置（锚点）。

A　链接的类型

如果按链接目标分类，可以将超级链接分为以下几种类型：

（1）内部链接。内部链接是指同一网站中的文档之间的链接。

（2）外部链接。外部链接是指不同网站中的文档之间的链接。

（3）锚点链接。锚点链接是指同一网页或不同网页中指定位置的链接。

（4）E-mail 链接。E-mail 链接是指发送电子邮件的链接。

要保证能顺利访问链接网页，链接路径必须写正确，在网站中，链接路径有三种形式：

（1）绝对路径。绝对路径为文件提供完全的路径，包括使用的协议，如 http（http://www.ddvip.com）、ftp（ftp://202.136.254.1/）、rtsp 等。绝对路径包含的是具体地址，如果目标文件被移动，则链接无效。

（2）相对路径。相对路径最适合网站的内部链接。如果链接到同一目录下，只需要输入要链接文件的名称。要链接到下一级目录中的文件，只需要输入目录名，然后输入"/"，再输入文件名。如链接到上一级目录中的文件，则先输入"../"再输入目录名，文件名。如果目标文档链接方式是相对路径，当移动文件，改变其存放位置时，不需在网页中手工修改链接路径，Dreamweaver 会自动更新相对路径的链接。

（3）根路径。根路径是指从站点根文件夹到被链接文档经由的路径，以前斜杠开头，如 /fy/maodian.html 就是站点根文件夹下的 fy 子文件夹中的一个文件（maodian.html）的根路径。

B　创建外部链接

不论是文字还是图像，都可以创建链接到外部绝对地址。创建链接的方法可以是在链接文本框中直接输入地址，也可以使用超级链接对话框。

（1）直接输入地址。新建网页，输入并选中文字"广东松山职业技术学院"。在属性面板中，"链接"用来设置图像或文字的超链接，"目标"用来设置打开方式。在"链接"文本框直接输入外部绝对地址 http://www.gdsspt.net，在"目标"项的下拉列表中选择_blank（在一个新的未命名的浏览器窗口中打开链接），如图 4-13 所示。

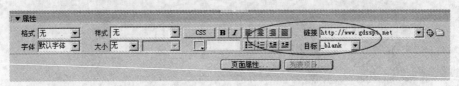

图 4-13　"外部链接"属性面板

（2）使用超级链接对话框。新建网页，选中文字"广东松山"。单击常用工具栏中的"超级链接"按钮，如图 4-14 所示。弹出"超级链接"对话框，进行以下各项的设置：

图 4-14　"超级链接"按钮

1)"文本"框用来设置超级链接显示的文本。

2)"链接"用来设置超级链接链接到的路径。

3)"目标"下拉列表框用来设置超链接的打开方式，有四个选项。

4）"标题"文本框用来设置超链接的标题。

设置好后，单击"确定"按钮，向网页中插入超链接。

C 创建内部链接

在文档窗口选中文字，单击属性面板中的"浏览文件"按钮📁，弹出"选择文件"对话框，选择要链接到的网页文件，即可链接到这个网页。

也可以拖动"链接"后的"指向文件"按钮⊕到站点面板上的相应网页文件，创建指向这个网页文件的链接。

此外，还可以直接将相对地址输入到"链接"文本框里来链接一个页面，如图 4-15 所示。

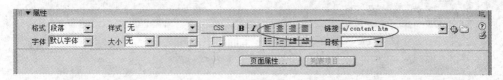

图 4-15 "内部链接"属性面板

D 创建 E-mail 链接

方法一：选择链接载体（文本或图像等），在其属性面板的"链接"文本框中输入"mailto："和邮箱地址，如"mailto：gd@sohu.com"。

方法二：单击常用快捷栏中的"电子邮件链接"按钮，弹出"电子邮件链接"对话框，在对话框的文本框中输入要链接的文本，然后在 E-mail 文本框内输入邮箱地址即可。

E 创建锚点链接

所谓锚点链接，是指在同一个页面中的不同位置的链接。

创建步骤：打开一个页面较长的网页，将光标放置于要插入锚点的地方。单击"插入"工具栏的"命名锚记"按钮⚓（见图 4-16），插入锚点。再选中需要链接锚点的文字，在属性面板中拖动链接后的"指向文件"按钮⊕到页面中定义好的锚点上即可。

图 4-16 "命名锚记"按钮

F 创建图像映射（热点链接）

图像映射常用于网站的导航部分。它不仅可将整张图片作为链接载体，还可通过热点将图片的一部分作为链接载体。图像映射也称为热点链接。

Dreamweaver 提供了 3 种创建热区的工具：矩形、椭圆形和多边形热点工具，如图 4-17 所示，可根据需要选择适当形状热点工具。

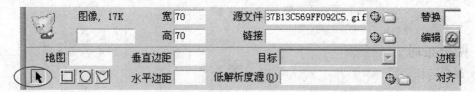

图 4-17 "热点"工具按钮

创建热点链接的方法：在网页中插入图片，单击选择图片，在图片属性面板中，单击选择一个热区按钮，然后在图像上需要创建热区的位置拖动鼠标，即可创建热区。此时，选中的部分被称作图像热点，选中这个图像热点，在"热点"属性面板上可以给这个图像热点设置超链接，如图 4-18 所示。

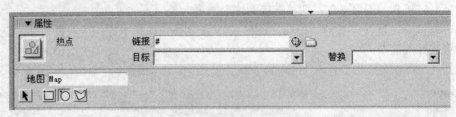

图 4-18 "热点"属性面板

4.1.4 文本、图像及超链接应用技能拓展

制作如图 4-19 所示的图像映射超链接效果，当用鼠标单击圆形按钮时可链接打开从 http://www.gdsspt.net/site 的"资源下载"中下载的"第 4 章素材"里目录"第 4 章素材\4.1 文本图像链接\技能拓展"中的网页 1-2.html。所需素材在 "第 4 章素材\4.1 文本图像链接\技能拓展"目录下。

> 提示   使用属性面板的"热点工具"设置热点链接。

图 4-19 "热点"创建

4.2 网页布局

4.2.1 学习目标

4.2.1.1 知识目标

了解使用表格、布局表格、层、框架等方法对网页进行布局的知识。

4.2.1.2 技能目标

掌握使用表格、布局表格、层、框架等方法进行网页布局。

4.2.2 网页布局工具的操作实例

4.2.2.1 表格与布局表格

制作如图 4-20 所示的表格。素材均在 http://www.gdsspt.net/site "资源下载"中的"第 4 章素材\4.2(1)表格布局\教学案例\images"中。

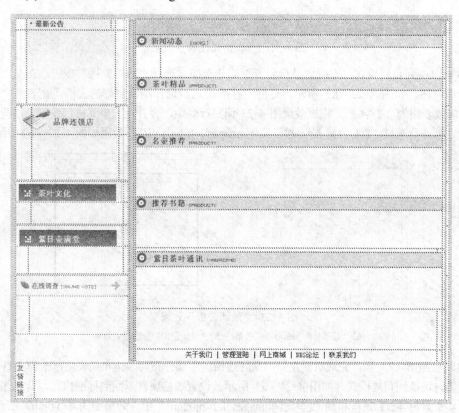

图 4-20 表格布局

（1）新建网页。在"插入"工具栏中选择"布局"选项，切换到"布局"工具栏。单击"布局"按钮，进入布局模式，如图 4-21 所示。

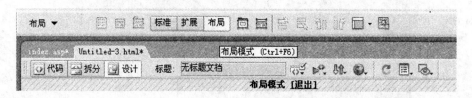

图 4-21 布局模式

（2）在布局模式下，选择"布局表格"按钮 ，在页面中绘制一个布局表格。单击"标准"按钮 标准 返回到普通模式界面。选择已绘制的表格，在"属性"面板中设置表格"边框颜色"为"#CEF38C"，表格"边框"粗细为"10"，如图 4-22 所示。

图 4-22　外表格属性设置效果

（3）切换到布局模式，完成"最新公告"部分布局。选择"布局表格"按钮，在左上角绘制一个布局表格，如图 4-23（a）所示。返回到标准模式，选择刚绘制好的表格，在表格"属性面板"中修改表格为 2 行 4 列，根据效果图 4-23 调整行列距，合并相关单元格，设置表格背景图像目录为"第 4 章素材\4.2(1)表格布局\教学案例\images\left-bj01.gif"，效果如图 4-23（b）所示。

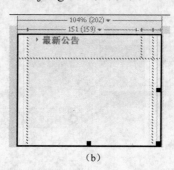

（a）　　　　　　　　　　　　　　（b）

图 4-23　"最新公告"效果

（a）"最新公告"布局模式效果；（b）"最新公告"标准模式效果

（4）参照第（3）步，完成页面左侧"品牌连锁店"部分布局。该布局表格修改为 2 行 3 列，注意布局时切换到布局模式，如图 4-24（a）所示，设置表格属性返回到标准模式，背景图像目录为"第 4 章素材\4.2(1)表格布局\教学案例\images \left-bj02.gif"中，效果如图 4-24（b）所示。

（a）　　　　　　　　　　　　　　（b）

图 4-24　"品牌连锁店"效果

（a）"品牌连锁店"布局模式效果；（b）"品牌连锁店"标准模式效果

（5）切换到布局模式，完成"茶叶文化"栏布局。在布局模式下，绘制布局表格，并通过选取"绘制布局单元格"按钮 🔳，在表格内绘制一个布局单元格，在单元格内插入图像"第 4 章素材\4.2(1)表格布局\教学案例\images \left02.gif "。同样，仿照此步骤完成"紫日壶满堂"栏和"在线调查"栏，分别插入当前路径下 images 文件夹里的图像："left04.gif "、"right04.gif "。效果如图 4-25 所示。

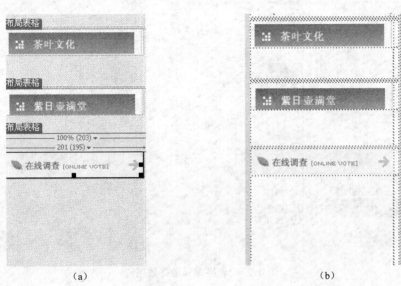

（a）   （b）

图 4-25 "茶叶文化"效果

（a）"茶叶文化"等布局模式效果；（b）"茶叶文化"等标准模式效果

（6）切换到布局模式，在已完成的左侧栏目的右侧画一个长条表格，在"标准模式"下为表格填充背景颜色为"#CEF38C"，效果如图 4-26 所示。

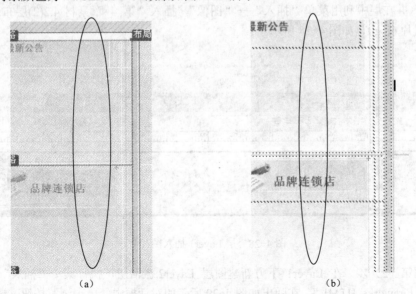

（a）   （b）

图 4-26 长条表格效果

（a）长条表格布局模式效果；（b）长条表格标准模式效果

（7）参照上述布局表格步骤，完成页面中其他布局。注意所需素材图片均在当前"images"下。表格布局最终效果如图 4-27 所示，最后保存并预览网页。

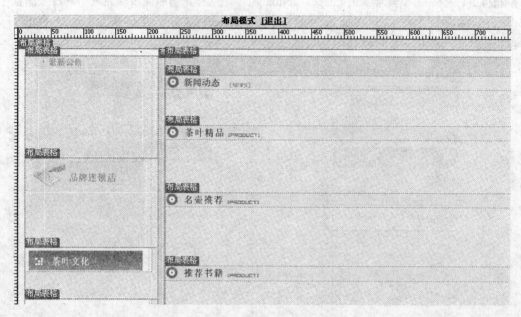

图 4-27　表格布局最终效果

4.2.2.2　层与 CSS 样式布局

（1）新建网页，素材均在 http://www.gdsspt.net/site "资源下载"中的"第 4 章素材\4.2(2)层布局\教学案例"中。

（2）选择"插入"工具栏切换到"布局"选项，单击"绘制层"按钮，在网页中新建一图层 Layer1，并在层中利用菜单"插入"→"图像"，插入"第 4 章素材\4.2(2)层布局\教学案例"下的图片 68.gif，如图 4-28 所示。

图 4-28　层 Layer1 插入图片

（3）同第（2）步，在 Layer1 下方新建图层 Layer2,激活层，执行菜单"插入"→"图像对象"→"Fireworks HTML"，在弹出如图 4-29 所示的对话框中，单击浏览按钮，选择"第 4 章素材\4.2(2)层布局\教学案例"目录下的 menu.htm 文件，单击"确定"后，在页面中调整层大小及位置，效果如图 4-30 所示。

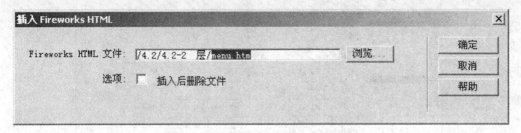

图 4-29 插入 Fireworks HTML 导航条

图 4-30 插入导航条网页效果

（4）新建图层 Layer3，调整位置放于页面左下端。复制"第 4 章素材\4.2(2)层布局\教学案例"目录下"页面文字.txt"记事本中的文字到层 Layer3 中。调整文字字号大小为 15 号，调整文字格式如图 4-31 所示。

图 4-31 Layer3 中粘贴文字后网页效果

（5）为图层 Layer3 设置样式。在菜单中选择"窗口"→"CSS 样式"，打开 CSS 样式面板，然后单击面板下端"新建 CSS 规则"按钮 ，新建类样式".style"。选择 CSS 规则定义对话框中的"边框"选项，设置参数如图 4-32 所示，单击确定按钮。页面中选择层 Layer3，在其属性面板的"类"下拉列表中选择".style"样式，层应用样式后效果如图 4-33 所示。

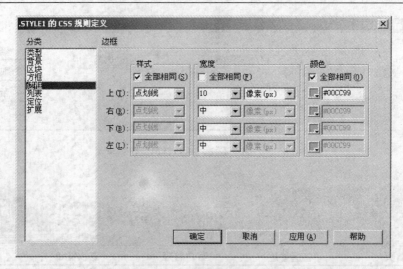

图 4-32　".style"样式"边框"规则定义

图 4-33　Layer3 应用"边框"样式后效果

　　（6）在 Layer3 中创建嵌套子层 Layer4。在 Layer4 中插入　"第 4 章素材\4.2(2)层布局\教学案例"下的图片 liuwei.gif。单击层中图片在属性面板中修改图片大小为宽 394、高 76，然后调整 Layer3 和 Layer4 的大小位置，效果如图 4-34 所示，嵌套层面板效果如图 4-35 所示。

图 4-34　Layer3 嵌套子层 Layer4

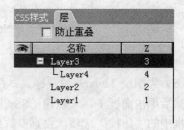

图 4-35　嵌套层面板

（7）新建图层 Layer5，在层中插入当前目录下的图片 ff_1.gif，并在属性面板中调整图片大小为宽 463、高 233，如图 4-36 所示。

图 4-36 Layer5 效果

（8）在页面底端插入一图层 Layer6，并在层中插入当前目录下的图片 10.gif，效果如图 4-37 所示。

图 4-37 Layer6 中插入图片

（9）保存网页并预览效果，如图 4-38 所示。

图 4-38 层与 CSS 布局网页效果

4.2.2.3　框架布局

（1）新建网页，素材均在 http://www.gdsspt.net/site "资源下载"中的"第 4 章素材\4.2(3) 框架布局\教学案例"中。

（2）选择"插入"工具栏，切换至"布局"选项，选择"框架"按钮，选取本题框架类型为"顶部和嵌套的左侧框架"，如图 4-39 所示。

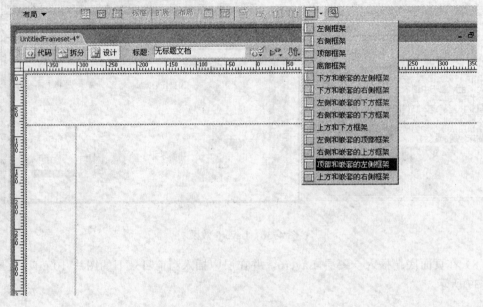

图 4-39　插入框架

（3）执行菜单"窗口"→"框架"。在打开的框架面板中单击顶端框架区域选择顶框架，在其属性面板中修改框架名称为 top。同理，分别修改左框架和主框架的框架名称为 left 和 right。在框架面板中选择 left 左框架，在其属性面板中设置"滚动"值为"是"。效果如图 4-40 所示。

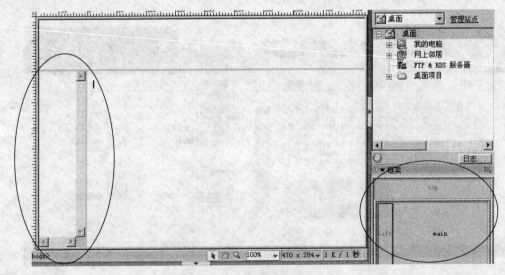

图 4-40　框架属性设置

（4）单击定位光标在顶端框架 top 内，执行菜单"插入"→"图像"，分别插入"第 4 章素材\4.2(3)框架布局\教学案例"下的图片 title_1.gif 和 xingzuo.gif，并设置图片居中对齐属性，效果如图 4-41 所示。

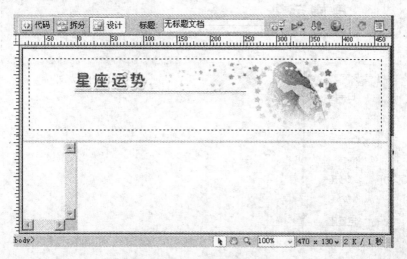

图 4-41 顶端框架插入图片效果

（5）单击定位光标在左下框架 left 中。目录下提供了文本内容 word.txt，只需执行导入表格式数据操作，将 txt 文件导入至 Dreamweaver，转成表格排版形式。具体导入步骤：菜单"文件"→"导入"→"表格式数据"，在弹出的对话框中选择"第 4 章素材\4.2(3)框架布局\教学案例"目录下的"word.txt"作为数据文件，定界符为"Tab"，单击"确定"后页面左框架部分就以表格形式导入了相关数据，如图 4-42 所示。

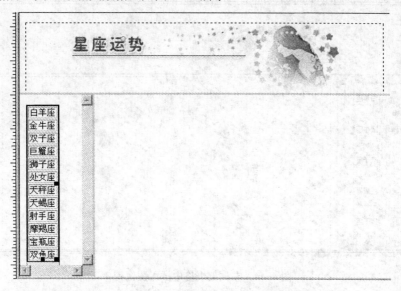

图 4-42 左框架导入表格式数据

（6）选择左框架中的表格，设置表格边框为 0；右击表格选择"表格"→"插入列"，在表格左边添加 1 列，分别在新列中单元格内插入"第 4 章素材\4.2(3)框架布局\教学案例"目录下的素材图片 picture_s_1.gif、picture_s_2.gif……picture_s_12.gif 共 12 张图片。完成后调整表格大小，设置表格对齐属性为居中对齐，如图 4-43 所示。

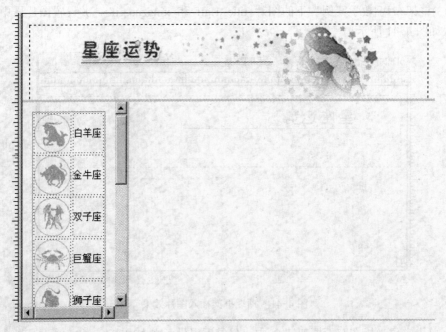

图 4-43　左框架表格中插入图像列

（7）单击定位光标在右框架 right 中，执行菜单"插入"→"图像"，插入当前目录下的图片 canter.gif，选择图片，属性面板中设置图片水平居中对齐属性，效果如图 4-44 所示。

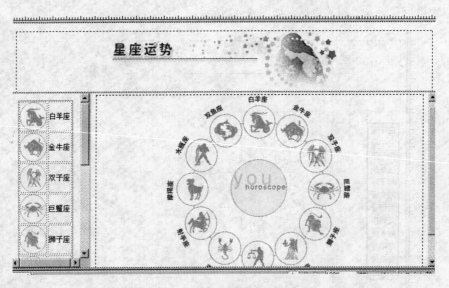

图 4-44　左框架表格中插入图像列

（8）选择左框架表格中第一行的文字"白羊座"，在属性面板中，单击"链接"文本框中右边的"浏览文件"按钮，在弹出的对话框中选择"第 4 章素材\4.2(3)框架布局\教学案例"目录下的 right1.htm，在"目标"下拉列表框中选择"right"。当浏览时单击"白羊座"链接，在右框架就会显示 right1.htm 网页，如图 4-45 所示。

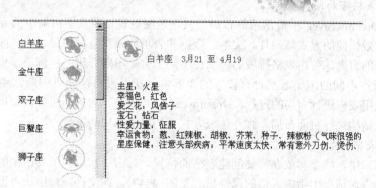

图 4-45 设置框架内链接

（9）保存并预览网页，如图 4-46 所示。

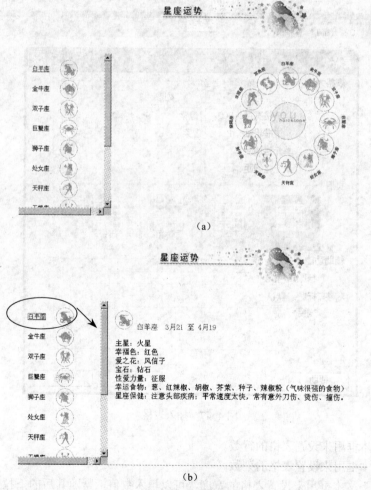

（a）

（b）

图 4-46 框架布局

（a）框架布局网页效果；（b）框架内链接网页

4.2.3 网页布局基础

4.2.3.1 表格布局网页

表格是 Dreamweaver 中最常用的布局工具，是网页设计制作不可缺少的元素。表格以其简洁明了和高效快捷的方式将图片、文本、数据和表单的元素有序地显示在页面上，让我们可以设计出漂亮的页面。使用表格排版的页面在不同平台、不同分辨率的浏览器里都能保持其原有的布局，而在不同的浏览器平台有较好的兼容性，所以表格是网页中最常用的排版方式之一。为了简化用表格进行布局的过程，Dreamweaver 提供了"布局"模式，可以很轻松地使用表格作为基本结构进行页面布局，弥补传统方式下的表格布局的不足。

A 插入表格

在文档窗口中，将光标放在需要创建表格的位置，单击"常用"工具栏中的表格按钮，在弹出的"表格"对话框中指定表格的属性后（见图 4-47），在文档窗口中插入设置的表格。表格参数的含义如图 4-48 所示。

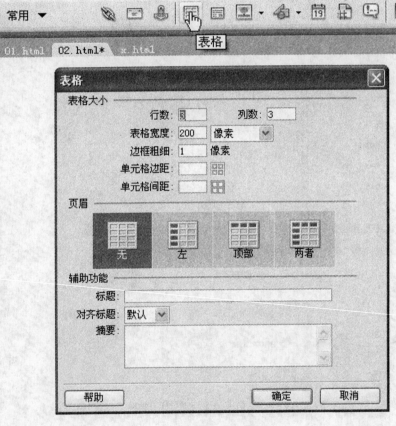

图 4-47 插入表格

"行数"文本框用来设置表格的行数。

"列数"文本框用来设置表格的列数。

"表格宽度"文本框用来设置表格的宽度，可以填入数值，紧随其后的下拉列表框用来设置宽度的单位。宽度的单位有两个选项——百分比和像素。当宽度的单位选择百分比时，表格的宽度会随浏览器窗口的大小而改变。

"边框粗细"用来设置表格的边框的宽度。

"单元格边距"文本框用来设置单元格的内部空白的大小。

"单元格间距"文本框用来设置单元格与单元格之间的距离。

"页眉"用来定义页眉样式，可以在四种样式中选择一种。

"标题"用来定义表格的标题。

"对齐标题"用来定义表格标题的对齐方式。

"摘要"用来对表格进行注释。

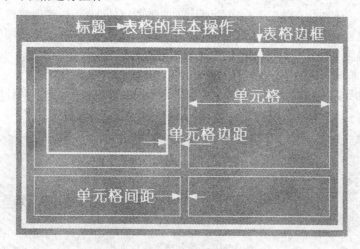

图 4-48 表格参数含义

B 选择单元格对象

对表格、行、列、单元格属性的设置是以选择这些对象为前提的。

（1）选择整个表格。把鼠标放在表格边框的任意处，当出现这样的标志时单击即可选中整个表格。或在表格内任意处单击，然后在状态栏选中<table>标签即可选中表格。或在单元格任意处鼠标右击，在弹出菜单中选择"表格"→"选择表格"也可选中表格。

（2）选择单元格。按住 Ctrl 键，鼠标在需要选中的单元格单击即可。或者，鼠标放在需要选中的单元格中，然后选中状态栏中的<td>标签也可选择单元格。

（3）选中连续的单元格。按住鼠标左键从一个单元格的左上方开始向要连续选择单元格的方向拖动即可选中连续的单元格。要选中不连续的几个单元格，可以按住 Ctrl 键，单击要选择的所有单元格即可。

（4）选择某一行或某一列。将光标移动到行左侧或列上方，鼠标指针变为向右或向下的箭头图标时，单击即可选择某一行或某一列。

C 设置表格属性

选中一个表格后，可以通过属性面板更改表格属性。表格的属性面板如图 4-49 所示。

图 4-49 "表格"属性面板

"填充"文本框用来设置单元格边距。

"间距"文本框用来设置单元格间距。

"对齐"下拉列表框用来设置表格的对齐方式,默认的对齐方式一般为左对齐。

"边框"文本框用来设置表格边框的宽度。

"背景颜色"文本框用来设置表格的背景颜色。

"边框颜色"用来设置表格边框的颜色。

在"背景图像"文本框填入表格背景图像的路径,可以给表格添加背景图像。可以拖动"链接"后的💽按钮到站点面板上相应的图片格式文件上,同样可以实现将该图片设置为表格背景图像。还可以单击文本框后的"浏览"按钮,查找图像文件。在"选择图像源"对话框中定位并选择要设置为背景的图片,单击"确认"按钮即可。

D 单元格属性

把光标移动到某个单元格内,在单元格属性面板(见图 4-50)中可以对这个单元格的属性进行设置。

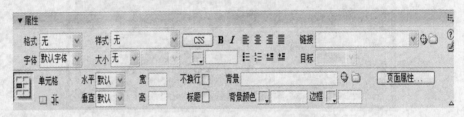

图 4-50 "单元格"属性面板

"水平"文本框用来设置单元格内元素的水平排版方式,是居左、居右或是居中。

"垂直"文本框用来设置单元格内的垂直排版方式,是顶端对齐、底端对齐或是居中对齐。

"宽"、"高"文本框用来设置单元格的宽度和高度。

"不换行"复选框可以防止单元格中较长的文本自动换行。

"标题"复选框使选择的单元格成为标题单元格,单元格内的文字自动以标题格式显示出来。

"背景"文本框用来设置表格的背景图像。

"背景颜色"文本框用来设置表格的背景颜色。

"边框"文本框用来设置表格边框的颜色。

E 行和列的操作

(1)插入行或列。选中要插入行或列的单元格,单击鼠标右键,在弹出菜单中选择"插入行"、"插入列"或"插入行或列"命令,如图 4-51 所示。

图 4-51 插入行或列

如果选择了"插入行"命令，在选择行的上方就插入了一个空白行，如果选择了"插入列"命令，就在选择列的左侧插入了一列空白列。如果选择了"插入行或列"命令，会弹出"插入行或列"对话框，如图 4-52 所示，可以进行设置插入行还是列、插入的数量，以及使在当前选择的单元格的上方或下方、左侧或是右侧插入行或列。

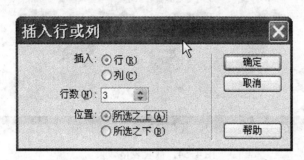

图 4-52 "插入行或列"对话框

（2）删除行或列。要删除行或列，选择要删除的行或列，单击鼠标右键，在弹出菜单中选择"删除行"或"删除列"命令即可。

F　拆分与合并单元格

拆分单元格时，将光标放在待拆分的单元格内，单击属性面板上的"拆分"按钮，在弹出对话框（见图 4-53）中，按需要设置即可。

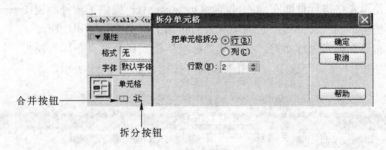

图 4-53 "拆分单元格"对话框

合并单元格时，选中要合并的单元格，单击属性面板中的"合并"按钮即可。

G　嵌套表格

表格之中还有表格即嵌套表格。

网页的排版有时会很复杂，在外部需要一个表格来控制总体布局，如果内部排版的细节也通过总表格来实现，容易引起行高列宽等的冲突，给表格的制作带来困难。其次，浏览器在解析网页的时候，是将整个网页的结构下载完毕之后才显示表格，如果不使用嵌套，表格非常复杂，浏览者要等待很长时间才能看到网页内容。

引入嵌套表格，由总表格负责整体排版，由嵌套的表格负责各个子栏目的排版，并插入到总表格的相应位置中，各司其职，互不冲突。

另外，通过嵌套表格，利用表格的背景图像、边框、单元格间距和单元格边距等属性可以得到漂亮的边框效果，制作出精美的贴图网页。

创建嵌套表格的操作方法是，先插入总表格，然后将光标置于要插入嵌套表格的地方，继续插入表格即可。图 4-54 所示网页采用的就是嵌套表格布局。

图 4-54　嵌套表格效果

H　表格的格式化

做好的表格使用 Dreamweaver 提供的预设外观样式，可以提高制作效率，保持表格外观的同一性，同时样式提供的色彩搭配也比较美观。表格格式化的方法是：选择表格，执行菜单"命令"→"格式化表格"，在弹出的"格式化表格"对话框中选择一种样式，单击"确定"，表格的样式就设定好了。

I　布局视图

为了简化使用表格进行页面布局的过程，Dreamweaver 提供了一种新视图——布局模式。在这种模式下使用布局工具可将原先烦琐的页面布局工作变得简单和轻松。

要使用"布局"模式进行布局，必须从"标准"模式切换到"布局"模式，切换方法是将"插入"工具栏中的"布局"选中，单击"布局"按钮，如图 4-55 所示。

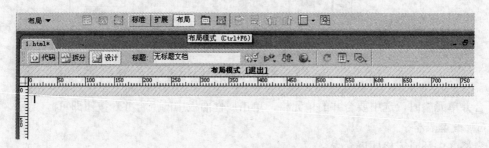

图 4-55　布局模式

在"布局"模式中，可以在页面上绘制布局单元格和表格。如果不是在布局表格中绘制布局单元格，Dreamweaver 会自动创建一个布局表格以容纳该单元格。布局单元格不能存在于布局表格之外。

布局表格排版的优点：利用制作层的方法制作表格，操作者不必像过去那样烦琐地计算行数、列数，也不用反复调整高度和宽度。

布局模式的页面排版基本步骤：

（1）布局工具栏切换到"布局模式"。

（2）单击"布局"工具栏的"布局表格"按钮 ▣ 。

（3）按下鼠标在页面中拖出合适大小单元格后释放，页面出现绿色边框的布局表格。

（4）选择"布局单元格"按钮 ▦，在布局表格内绘制合适大小的布局单元格，布局单元框的边框为蓝色。

（5）如此重复拖放绘制自定义大小和位置的布局单元格与表格实现排版布局。

4.2.3.2 层布局网页

层是制作网页时经常用到的对象，在控制页面布局方面，层比表格更加灵活。Dreamweaver 中的文本、图像、表格等元素只能固定位置，不能互相叠加在一起。而层可以放置在网页文档内的任何一个位置，层内可以放置网页文档中的其他构成元素，层可以自由移动、嵌套、显示和隐藏，层与层之间还可以重叠，层体现了网页技术从二维空间向三维空间的一种延伸。

A 创建层

（1）插入层。选择菜单"插入"→"布局对象"→"层"命令，即可将一个预定义大小的层插入到页面中，如图 4-56 所示。

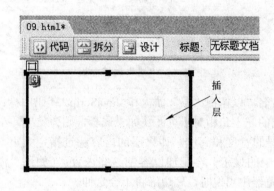

图 4-56 插入层

使用这种方法插入层，层的位置由光标所在的位置决定，光标放置在什么位置，层就在什么位置出现；选中层会出现六个小手柄，拖动小手柄可以改变层的大小。

（2）描绘层。打开"布局"工具栏，单击"绘制层"按钮（见图 4-57），在文档窗口内鼠标光标变成十字光标，按住鼠标左键，拖动出一个矩形，矩形的大小就是层的大小，释放鼠标后，描绘的新层就会出现在页面中。

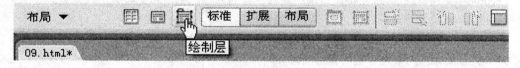

图 4-57 绘制层

B 设置层

（1）层面板。层面板是文档中层的可视图，可以控制文档中所有的层。选择菜单"窗口"→"层"可以控制层面板的显示和隐藏。通过层面板（见图 4-58）可以完成选中层、设置层的叠加、改变层的可见性、防止层重叠和嵌套层等操作。

（2）层的属性面板。选择菜单"窗口"→"层"，可以显示或隐藏属性面板。选中要设置的层，就可以在属性面板（见图 4-59）中设置层的属性了。

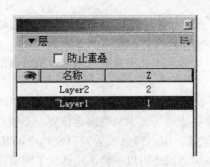

图 4-58 层面板

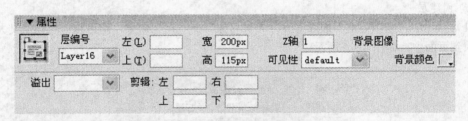

图 4-59 "层"属性面板

1）层编号：给层命名，以便在"层"面板和 JavaScript 代码中标识该层。

2）左、上：指定层的左上角相对于页面（如果嵌套，则为父层）左上角的位置。

3）宽、高：指定层的宽度和高度。如果层的内容超过指定大小，层的底边缘（按照在 Dreamweaver 设计视图中的显示）会延伸以容纳这些内容。（如果"溢出"属性没有设置为"可见"，那么当层在浏览器中出现时，底边缘将不会延伸。

4）Z 轴：设置层的层次属性。Z 轴的值可以为正，也可以为负。在浏览器中，编号较大的层出现在编号较小的层的前面。当更改层的堆叠顺序时，使用"层"面板要比输入特定的 Z 轴值更为简便。

5）可见性：在"可见性"下拉列表中，可设置层的可见性。使用脚本语言如 JavaScrip 可以控制层的动态显示和隐藏。有四个选项。

default——选择该选项，则不指明层的可见性。

inherit——选择该选项，可以继承父层的可见性。

visible——选择该选项，可以显示层及其包含的内容，无论其父级层是否可见。

hidden——选择该选项，可以隐藏层及其包含的内容，无论其父级层是否可见。

6）背景颜色：用来设置层的背景颜色。

7）背景图像：用来设置层的背景图像。

8）溢出：选择当层内容超过层的大小时的处理方式。有四个选项。

visible（显示）——选择该选项，当层内容超出层的范围时，可自动增加层尺寸。

hidden（隐藏）——选择该选项，当层内容超出层的范围时，保持层尺寸不变，隐藏超出部分的内容。

scroll（滚动条）——选择该选项，无论层内容是否超出层的范围，都会自动增加滚动条。

auto（自动）——选择该选项，当层内容超出层的范围时，自动增加滚动条（默认）。

9）剪辑：设置层的可视区域。通过上、下、左、右文本框设置可视区域与层边界的像素值。层经过剪辑后，只有指定的矩形区域才是可见的。

10）类：在类的下拉列表中，可以选择已经设置好的 CSS 样式或新建 CSS 样式。

注意，位置和大小的默认单位为 px（像素），也可以指定以下单位：pc（12 点字）、pt（点）、in（英寸）、mm（毫米）、cm（厘米）或 %（父层相应值的百分比）。单位字母必须紧跟在值之后，中间不留空格。

C　嵌套层

嵌套层就是在一个层内插入另外的层。使用嵌套层可以将几个关系紧密的层组合在一起，移动父层，子层将与它一起移动；改变父层的可见性，子层可继承它的可见性。创建嵌套层有以下两种方法：

（1）将光标放在某层内，选择菜单"插入"→"布局对象"→"层"命令，如图 4-60 所示，即可在该层内插入一个子层。

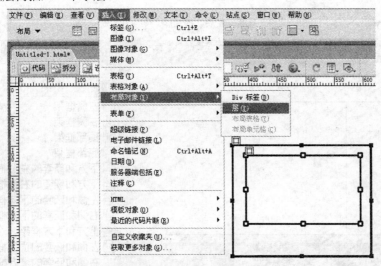

图 4-60　菜单法创建嵌套层

（2）打开层面板，从中选择需要嵌套的层，此时按住 Ctrl 键同时拖动该层到另外一个层上，直到出现如图 4-61 中所示图标后，释放 Ctrl 键和鼠标，这样普通层就转换为嵌套层了。

D　层与表格的转换

根据需要，层与表格可进行相互转换，转换时，执行菜单"修改"→"转换"命令。

在创建网页的时候，可以发现层可以在网页上随意改变位置，在设定层的属性时，可以知道层有显示、隐藏的功

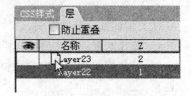

图 4-61　层面板法创建嵌套层

能，通过这两个特点结合后面即将学到的时间轴和行为，就可以实现很多具有观赏性和趣味性的网页动态效果。

4.2.3.3　框架布局网页

框架是网页中经常使用的页面设计方式。框架的作用就是把网页在一个浏览器窗口下分割成几个不同的区域，实现在一个浏览器窗口中显示多个 HTML 页面。使用框架可以非常方便地完成导航工作，让网站的结构更加清晰，而且各个框架之间决不存在干扰问题。利用框架最大的特点就是使网站的风格一致。通常把一个网站中页面相同的部分单独制作成一个页面，作为框架结构的一个子框架的内容给整个网站公用。

一个框架结构由框架和框架集两部分网页文件构成。框架是浏览器窗口中的一个区域，它可以显示与浏览器窗口的其余部分中所显示内容无关的网页文件。框架集也是一个网页文件，它将一个窗口通过行和列的方式分割成多个框架。框架的多少根据具体有多少网页来决定，每个框架中要显示的就是不同的网页文件。

A 创建框架

在创建框架集或使用框架前，选择"查看"→"可视化助理"→"框架边框"命令，可使框架边框在文档窗口的设计视图中可见。

（1）使用预制框架集。新建一个 HTML 文件，在快捷工具栏选择"布局"，单击"框架"按钮，在弹出的下拉菜单中选择"顶部和嵌套的左侧框架"，即可在页面中创建出预制框架结构，如图 4-62 所示。利用鼠标可在框架边界上拖动调整各框架大小。

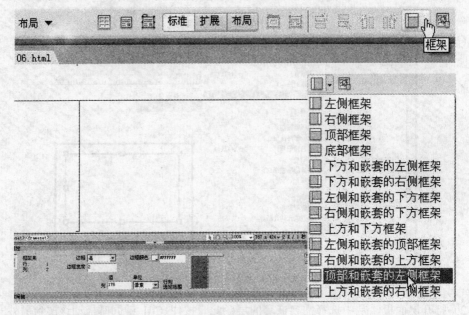

图 4-62 创建框架

（2）鼠标拖动创建框架。

1）新建网页，在布局工具栏中任选一种预制框架样式。

2）把鼠标放到框架内部边框线上，出现双箭头光标时拖曳框架边框，可以垂直或水平分割网页。

B 保存框架

每一个框架都有一个框架名称，可以用默认的框架名称，也可以在属性面板修改名称。这里采用系统默认的框架名称 topFrame（上方）、leftFrame（左侧）、mainFrame（右侧）。

选择菜单"文件"→"保存全部"，将框架集保存为 index.html，上方框架保存为 07.html，左侧框架保存为 08.html，右侧框架保存为 09.html。

这个步骤虽然简单，但是很关键。只有将总框架集和各个框架保存在本地站点根目录下，才能保证浏览页面时显示正常。

C 编辑框架式网页

虽然框架式网页把屏幕分割成几个窗口，每个框架（窗口）中放置一个普通的网页，但是编辑框架式网页时，要把整个编辑窗口当作一个网页来编辑，插入的网页元素位于哪个框架，就保存在哪个框架的网页中。

（1）改变框架大小。用鼠标拖曳框架边框可随意改变框架大小。

（2）删除框架。用鼠标把框架边框拖曳到父框架的边框上，可删除框架。

（3）设置框架属性。设置框架属性时，必须先选中框架。选择框架方法如下：

1）选择菜单"窗口"→"框架"，打开框架面板，单击某个框架，即可选中该框架。

2）按住 Alt 键并在编辑窗口某个框架内单击鼠标，即可选择该框架。当一个框架被选择时，它的边框带有点线轮廓。

D 设置框架属性

选中框架，在属性面板上可以设置框架属性，包括框架名称、源文件、空白边距、滚动条、重置大小和边框属性等，如图 4-63 所示。

图 4-63 "框架"属性面板

需要注意的是：

（1）框架是不可以合并的。

（2）在创建链接时要用到框架名称，所以应很清楚地知道每个框架对应的框架名。

E 在框架中使用超级链接

在框架式网页中制作超级链接时，一定要设置链接的目标属性，为链接的目标文档指定显示窗口。链接目标较远（其他网站）时，一般放在新窗口。在导航条上创建链接时，一般将目标文档放在另一个框架中显示（当页面较小时）或全屏幕显示（当页面较大时）。

"目标"下拉菜单中的选项有：

（1）_blank，将被链接文档在新窗口中打开。

（2）_parent，将被链接文档在父框架集或包含该链接的框架窗口中打开。

（3）_self，将被链接文档在当前框架中打开，并替换当前框架原先内容（默认窗口，无须指定）。

（4）_top，将被链接文档在整个浏览器窗口打开，即在当前文档的最外层框架集中打开链接，并删除所有框架。

在保存有框架名为 mainFrame、leftFrame、topFrame 的框架后，在目标下拉菜单中，还会出现 mainFrame、leftFrame、topFrame 选项。

（1）mainFrame：将被链接文档在名为 mainFrame 的框架中打开。

（2）leftFrame：将被链接文档在名为 leftFrame 的框架中打开。

（3）topFrame：将被链接文档在名为 topFrame 的框架中打开。

4.2.4 网页布局技能拓展

在 http://www.gdsspt.net/site "资源下载"中的"第 4 章素材\4.2(3)框架布局\技能拓展\拓展1"文件夹中的网页 wangye.htm 中，"教师简介"、"教学内容"、"作业与考核"、"教材与参考书"分别链接着结构相同的不同的网页。wangye.htm 是"教师简介"对应的网页，将此页面制作成为模板，然后使用该模板制作出"教材与参考书"对应的网页 wangye2.htm（如图 4-64 所示），最终网页效果可参考 ys.htm 所示。制作网页 wangye2.htm 中所需的"教材与参考书"图片是"第 4 章素材\4.2(3)框架布局\技能拓展\拓展 1"文件夹中的 JIAOCAI.GIF。

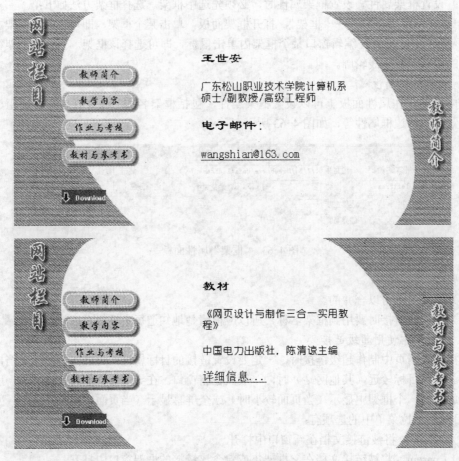

图 4-64 模板应用

操作步骤提示：

（1）打开 wangye.htm 文件，选择菜单"文件"→"另存为模板"，将文件存为 mb.dwt 的模板文件（注意另存时需要建好站点，请在当前目录"第 4 章素材\4.2(3)框架布局\技能拓展\拓展 1"下新建站点）。

（2）根据 ys.htm 网页效果，在模板文件中添加可编辑区域。选择包含文字"王世安"等正文信息的表格，执行菜单"插入"→"模板对象"→"可编辑区域"。同理，选择"教师简介"图片，执行菜单"插入"→"模板对象"→"可编辑区域"，完成向模板中添加两个可编辑区域。

（3）执行菜单"文件"→"新建"，在弹出的新建对话框中选择"模板"选项卡，列表中选择上步建好的 mb 文件名，新建。

（4）在新建的网页页面中，将设置好的文字可编辑区域修改为教材信息。

（5）单击选择可编辑区域的"教师简介"图片，在属性面板中的"源文件"属性改为当前目录下的"教材与参考书"图片 JIAOCAI.GIF。保存即可。

4.3　网页美化

4.3.1　学习目标

4.3.1.1　知识目标

（1）掌握在网页中插入 Flash 动画和 Fireworks 导航栏及设置属性的知识。

（2）掌握 CSS 样式表的语法和操作基本知识。

（3）学会时间轴和行为的使用知识。

4.3.1.2　技能目标

（1）掌握在网页中插入 Flash 和 Fireworks 导航栏的方法。

（2）掌握 CSS 样式表的定义和编辑方法。

（3）学会使用时间轴和行为制作网页特效的方法。

4.3.2　网页美化典型实例及其操作步骤

4.3.2.1　Flash 动画和 Fireworks 导航栏的插入

操作步骤（素材目录为"第 4 章素材\4.3(1) flash 插入与 css 样式\4.3-1 flash 与导航栏的插入"）：

（1）新建网页，执行菜单"插入"→"媒体"→"Flash"，插入"第 4 章素材\4.3(1) flash 插入与 css 样式\4.3-1 flash 与导航栏的插入" 下的 shouye.swf 。

（2）光标定位在 Flash 下一行，执行菜单"插入"→"图像对象"→"Fireworks HTML"，插入当前素材目录下的 menu.htm。

（3）保存并预览网页，效果如图 4-65 所示。

图 4-65　插入 Flash 和导航栏效果

4.3.2.2　CSS 样式表的使用

请按以下要求完成制作如图 4-66 所示的网页效果。

（1）设置页面背景效果，为页面正文部分添加边框 CSS 样式：红色点划线边框样式。

（2）创建类 CSS 样式 textcss，设置字体为"华文新魏"，字号为"30px"，粗细为"粗体"，颜色为"#000000"。将该样式应用于 journey1.htm 中"自然界的绚丽……神奇"和"人类文明的绝……与气魄"。创建 CSS 类样式 text，设置字体为"新宋体"，字号为"16px"，粗细为"粗体"，行高为"25px"。将 text 样式应用于 journey1.htm 中""九寨沟"位于四川省西……世界罕见的童话世界。"

（3）创建高级 CSS 样式，使作为超链接的文字字体为"幼圆"，字号为"16px"，颜色为

"#0000ff";当鼠标指针移到超链接文字上时字体为幼圆,字号为"24px",粗细为"粗体",变量为"小型大写字母",颜色为"#000000"。

（4）在 journey1.htm 页面中,从左到右依次设为图 1、图 2、图 3、图 4,为图 1 设置 filteralpha 样式,为图 2 设置 filterflipv 样式,为图 3 设置 filterwave 样式,为图 4 设置 filterblur 样式,效果如图 4-66 所示。另外,还可以打开"第 4 章素材\4.3(1)flash 插入与 css 样式\4.3-2CSS"下的网页文件 journey.htm 查看最终网页效果。

图 4-66 CSS 样式表应用

具体操作步骤如下:（素材在"第 4 章素材\4.3(1) flash 插入与 css 样式\4.3-2 CSS"中）

（1）打开 journey1.htm 网页,在属性面板中,单击"页面属性"按钮,设置页面"背景图像"为素材目录"第 4 章素材\4.3(1) flash 插入与 css 样式\4.3-2 CSS"下的 back.gif。

（2）在"CSS 样式"面板中,选取新建样式按钮 ,新建类样式 border,在"CSS 规则定义"对话框中设置"边框"选项参数如图 4-67 所示。新建样式后,选择导航栏下方正文部分所在表格,在属性面板中"类"的下拉列表中单击选择 border 样式,应用样式效果如图 4-68 所示。

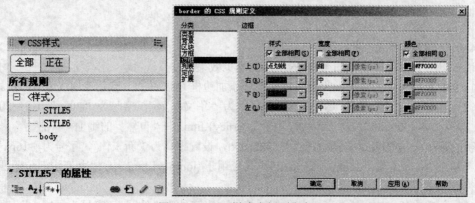

图 4-67 CSS 样式表规则定义

图 4-68　CSS 边框样式应用

（3）同第（2）步，创建类 CSS 类样式 textcss，设置字体为"华文新魏"，字号为"30px"，粗细为"粗体"，颜色为"#000000"，选择 journey1.htm 中的文字"自然界的绚丽……神奇"和"人类文明的绝……与气魄"，在属性面板中的"样式"列表框中选取样式 textcss，应用样式。

创建 CSS 类样式 text，设置字体为"新宋体"，字号为"16px"，粗细为"粗体"，行高为"25px"，选择 journey1.htm 中的文字""九寨沟"位于四川省西……世界罕见的童话世界。"，在属性面板中的"样式"列表框中选取样式 text，应用样式，效果如图 4-69 所示。

图 4-69　CSS 文字样式应用

（4）创建高级 CSS 样式。在"新建 CSS 规则"对话框的"选择器"中选择"a:link"，设置样式规则，使作为超链接的文字字体为"幼圆"，字号为"16px"，颜色为"#0000ff"。同理，新建高级样式"a:hover"，设置样式规则，当鼠标指针移到超链接文字上时字体为幼圆，字号为"24px"，粗细为"粗体"，变量为"小型大写字母"，颜色为"#000000"。效果如图 4-70 所示。

图 4-70 CSS 链接样式应用

（5）设置外部样式表效果。在 journey1.htm 页面中，从左到右依次设为图 1、图 2、图 3、图 4，单击选择图 1，在其属性面板中的"类"选项卡中选择"附加样式表"，在对话框中的"文件"→"URL"栏选择目录下的 filteralpha 样式。同理，选择图 2 属性面板的"类"设置外部样式表文件为 filterflipv 样式，选择图 3 属性面板的"类"设置外部样式表文件为 filterwave 样式，选择图 4 属性面板的"类"设置外部样式表文件为 filterblur 样式，产生的最终网页效果可参考"第 4 章素材\4.3(1)flash 插入与 css 样式\4.3-2 CSS"中的 journey.htm 所示效果。

4.3.2.3 时间轴与行为

操作步骤：（素材目录为"第4章素材\4.3(2)时间轴\教学案例"）

（1）在 Dreamweaver 中打开素材目录"第 4 章素材\4.3(2)时间轴\教学案例"下的 demo.htm，插入一图层，在该层中插入当前目录下的图像 adv.jpg，调整图层大小与位置，如图 4-71 所示。

图 4-71 绘制层

（2）执行菜单"窗口"→"时间轴"和"窗口"→"行为"，打开时间轴面板和行为面板。单击选择第（1）步的图层，在"时间轴"面板中单击选择第 1 帧，然后在"时间轴"面板上右击选择"录制层路径"命令。

（3）按下鼠标拖动图层，在页面中产生一条闭合运动路径，如图 4-72 所示。

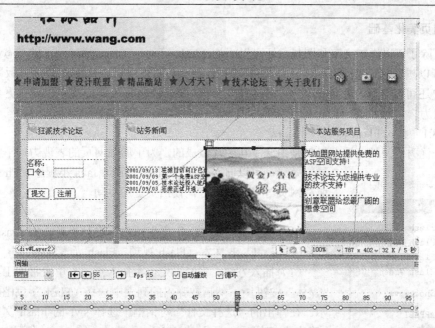

图 4-72　拖动层创建记录路径

（4）在"时间轴"面板中，选中"自动播放"和"循环"复选框。保存并浏览网页，如图 4-73 所示，效果可参照当前目录下的网页 ys. htm。

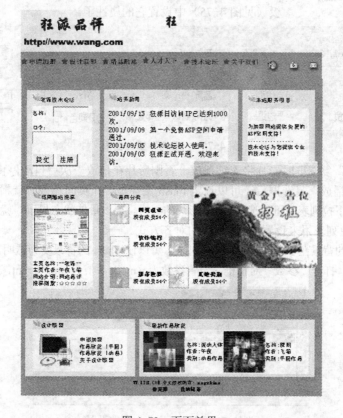

图 4-73　页面效果

4.3.3   网页美化基础

网页除了可以添加文字和图片，还可以添加 Flash 等动画文件，增加网页的动态性，根据需要还可以进行 CSS 样式创建，这样既美化网页，又能让用户方便而有效地排版网页。另外，用户还可以自行利用时间轴和行为制作出有创意有新意的网页特效，让页面更具有感染力、吸引力。

4.3.3.1   插入 Flash 动画和导航栏

一个优秀的网站应该不仅仅是由文字和图片组成的，为了增强网页的表现力，丰富文档的显示效果，可以向网页插入 Flash 动画、Java 小程序、Fireworks 导航栏网页等多媒体内容，使网页更加生动。

A   插入 Flash

插入到网页中的 Flash 文件可以有多种类型，如 Flash 动画、Flash 按钮、Flash 文本、Flash 视频、Flash 元素等。

（1）插入方法。将光标定位至插入点处，单击常用工具栏中的"媒体"按钮 ，然后在弹出的列表中选择"Flash"，如图 4-74 所示。在弹出的"选择文件"对话框中选择 swf 的 Flash 文件。单击"确定"按钮后，插入的 Flash 动画并不会在文档窗口中显示内容，而是以一个带有字母 F 的灰色框来表示。在浏览器中预览网页时才能看到 Flash 动画效果。

图 4-74   插入 Flash

（2）属性设置。在文档窗口单击 Flash 文件，就可以在属性面板（见图 4-75）中设置它的属性了。

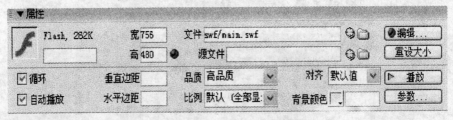

图 4-75   "Flash"属性面板

勾选"循环"复选框时影片将连续播放，否则影片在播放一次后自动停止。

勾选"自动播放"复选框后，可以设定 Flash 文件是否在页面加载时就播放。

在"品质"下拉列表中可以选择 Flash 影片的画质。要以最佳状态显示，就选择"高品质"。

"对齐"下拉列表用来设置 Flash 动画的对齐方式。

为了使页面的背景在 Flash 下能够衬托出来，可以使 Flash 的背景变为透明。单击属性面板中的"参数"按钮，打开"参数"对话框，设置参数为 wmode，值为 transparent，如图 4-76 所示。

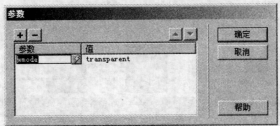

图 4-76   Flash "透明"参数设置

这样在任何背景下，Flash 动画都能实现透明背景的显示。

B　插入 Flash 文本

（1）单击常用工具栏中的"媒体"按钮，然后在弹出的列表中选择"Flash 文本"。

（2）在"插入 Flash"文本对话框中进行文字属性的设置，"另存为"框中输入存储的文件名称，即可在网页中插入 Flash 文本。

C　插入 Flash 按钮

将光标放置于插入 Flash 按钮的位置，单击常用工具栏的"媒体"按钮，在列表中选择"Flash 按钮"，弹出"插入 Flash 按钮"对话框，如图 4-77 所示。

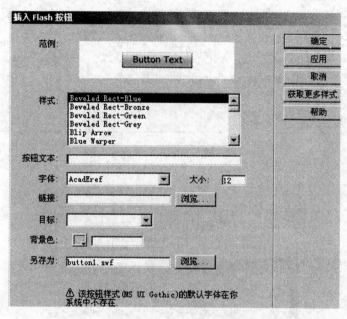

图 4-77　插入 Flash 按钮

"样式"用来选择按钮的外观。"按钮文本"用来输入按钮上的文字。"字体"和"大小"用于设置按钮上文字的字体和大小，字号变大，按钮并不会跟着改变。"链接"用于输入按钮的链接，可以是外部链接，也可以是内部链接。"目标"用来设置打开的链接窗口。

如果需要修改 Flash 按钮对象，可以先选中它，然后在属性面板中单击"编辑"按钮，弹出"插入 Flash 按钮"对话框，更改它的设置就可以了。

D　插入导航栏

导航栏可以很大地提高访问网页的快捷性和同一网站内网页的访问速度。

（1）插入 Dreamweaver 制作的导航栏。执行菜单"插入"→"图像对象"→"导航条"，弹出如图 4-78 所示的对话框，可进行设置导航图片。使用该方法只能创建图片导航栏。

（2）插入 Fireworks 制作的导航栏。在 Fireworks 软件中可以很轻松地制作并输出带有 HTML 和 Javascript 的 HTML 导航功能网页文件。因此，在 Fireworks 中制作好导航栏并导出为 HTML 文件后，接下来只需在 Dreamweaver 中直接插入该 HTML 文件就可以了。

插入方法：定位插入点后，选择菜单"插入"→"图像对象"→"Fireworks HTML"或单击常用工具栏"图像"按钮并选择所需类型（见图4-79），即可插入已制作好的导航栏。

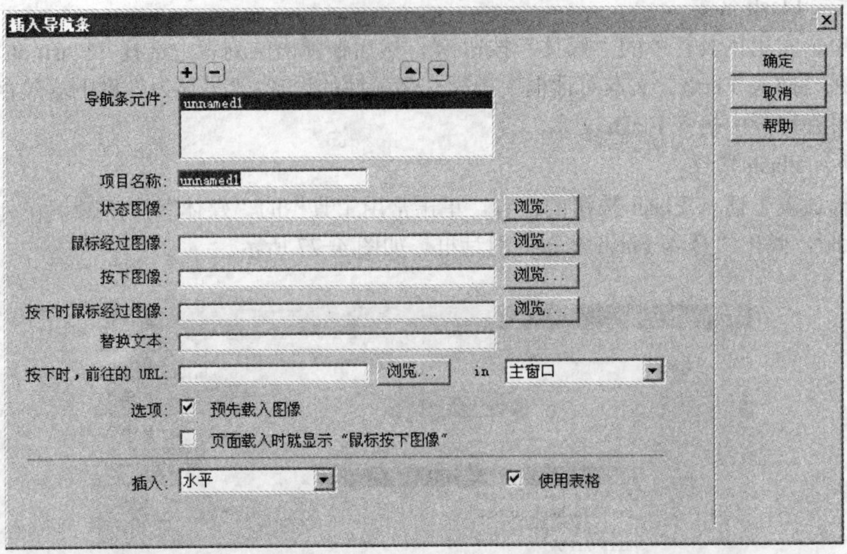

图 4-78　插入 Dreamweaver 导航栏

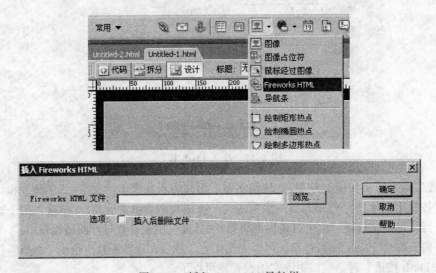

图 4-79　插入 Fireworks 导航栏

E　设置背景音乐

声音能极好的烘托网页页面的氛围。网页中常见的声音格式有 WAV、MP3、MIDI、AIF、RA 或 Real Audio 格式。

在页面中可以嵌入背景音乐。这种音乐多以 MP3、MIDI 文件为主，在 Dreamweaver 中，添加背景音乐常通过手写代码实现。

在 HTML 语言中，通过<bgsound>这个标记可以嵌入多种格式的音乐文件，

具体步骤：打开某网页，切换到 Dreamweaver 的"拆分"视图，将光标定位到</body>之前的位置，在光标的位置写下代码<bgsound src＝声音文件相对路径>，如图 4-80 所示，即可嵌入背景音乐。

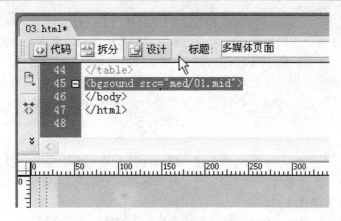

图 4-80　设置背景音乐代码

按下 F12 键，在浏览器中查看效果，可以听见背景音乐声。

如果希望循环播放音乐，将刚才的源代码修改为<bgsound src="med/01.mid" loop="true">即可。

4.3.3.2　CSS 样式

层叠样式表（CSS）是一系列格式设置规则，它们控制 Web 页面内容的外观。使用 CSS 设置页面格式时，内容与表现形式是相互分开的。页面内容（HTML 代码）位于自身的 HTML 文件中，而定义代码表现形式的 CSS 规则位于另一个文件（外部样式表）或 HTML 文档的另一部分（通常为 <head> 部分）中。使用 CSS 可以非常灵活并很好地控制页面的外观，如精确的布局定位、特定的字体和样式等。

"层叠"是指对同一个元素或 Web 页面应用多个样式的能力。例如，可以创建一个 CSS 规则来应用颜色，创建另一个规则来应用边距，然后将两者应用于一个页面中的同一文本。即定义的样式"层叠"到 Web 页面上的元素，并最终创建所想设计。

CSS 样式表的创建，可以统一定制网页文字的大小、字体、颜色、边框、链接状态等效果。在 Dreamweaver 8 中 CSS 样式的设置方式有了很大的改进，更为方便、实用、快捷。

A　创建 CSS 样式

（1）选中菜单"窗口"→"CSS 样式"，打开 CSS 样式面板，如图 4-81 所示。

（2）单击"CSS 样式"面板右下角的"新建 CSS 规则"按钮，打开"新建 CSS 规则"对话框，如图 4-82 所示。

图 4-81　CSS 样式面板

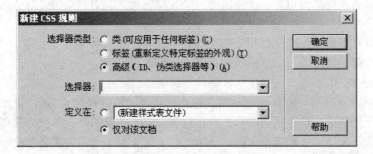

图 4-82　"新建 CSS 规则"对话框

在"选择器类型"选项中，可以选择创建 CSS 样式的方法包括以下 3 种：

1）类。可以在文档窗口的任何区域或文本中应用类样式。如果将类样式应用于一整段文字，那么会在相应的标签中出现 CLASS 属性，该属性值即为类样式的名称。

2）标签（重新定义特定标签的外观）。重新定义 HTML 标记的默认格式。可以针对某一个标签来定义层叠样式表，也就是说定义的层叠样式表将只应用于选择的标签。例如，为 <body>和</body>标签定义了层叠样式表，那么所有包含在<body>和</body>标签的内容将遵循定义的层叠样式表。

3）高级（ID、伪类选择器等）。为特定的组合标签定义层叠样式表，使用 ID 作为属性，以保证文档具有唯一可用的值。高级样式是一种特殊类型的样式，主要用于设置页面超链接元素的外观样式。常用的有 4 种：

① a:link，设定在 Dreamweaver 设计界面中状态下的链接文字样式。

② a:active，设定鼠标单击链接后的外观样式。

③ a:visited，设定已访问过的链接的外观样式。

④ a:hover，设定鼠标放置在链接文字之上时，文字的外观样式。

（3）"名称"值的设置。为新建的 CSS 样式输入名称（类样式）、选择标记（标签样式）、选择器（高级样式），其中：

1）对于自定义的类样式，其名称必须以点"."开始，如果没有输入该点，则 Dreamweaver 自动添加上。自定义样式名可以是字母与数字的组合，但"."之后必须是字母，如.word。

2）对于重新定义 HTML 标签样式，可以在"标签"下拉列表中输入或选择重新定义的标签名，如 body。

3）对于 CSS 选择器样式，可以在"选择器"下拉列表中输入或选择需要的选择器。

（4）在"定义在"区域选择定义的样式位置，可以是"新建样式表文件"或"仅对该文档"。单击"确定"按钮：

1）如果选择了"新建样式表文件"选项，弹出"保存样式表文件为"对话框，给样式表命名，保存后，弹出"CSS 规则定义"对话框。

2）如果选择了"仅对该文档"，则单击"确定"后，直接弹出"CSS 规则定义"对话框，在其中设置 CSS 样式。

（5）"CSS 规则定义"对话框中设置 CSS 规则定义，主要有类型、背景、区块、方框、边框、列表、定位和扩展 8 项，如图 4-83 所示。每个选项都可以对所选标签做不同方面的定义，可以根据需要设定。参数定义完后，单击"确定"按钮，完成创建 CSS 样式。

B　"CSS 规则定义"对话框

（1）类型：文本样式的设置。在弹出的"CSS 规则定义"对话框中，默认显示的就是对文本进行设置的"类型"项。

字体：可以在下拉菜单中选择相应的字体。

大小：大小就是字号，可以直接填入数字，然后选择单位。

样式：设置文字的外观，包括正常、斜体、偏斜体。

行高：这项设置在网页制作中很常用。设置行高，可以选择"正常"，让计算机自动调整行高，也可以使用数值和单位结合的形式自行设置。需要注意的是，单位应该和文字的单位一致，行高的数值是包括字号数值在内的。例如，文字设置为 12pt，如果要创建一倍行距，则行高应该为 24pt。

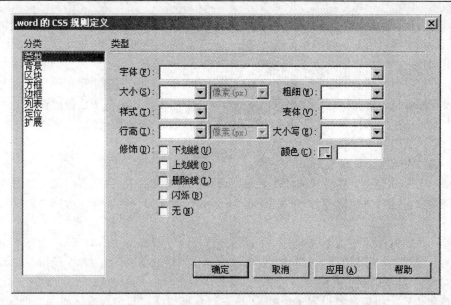

图 4-83 "CSS 规则定义"对话框

变体：在英文中，大写字母的字号一般比较大，采用"变体"中的"小型大写字母"设置，可以缩小大写字母。

颜色：设置文字的色彩。

（2）背景：背景样式的设置。在 HTML 中，背景只能使用单一的色彩或利用图像水平垂直方向的平铺。使用 CSS 之后，背景有了更加灵活的设置。在"CSS 规则定义"对话框左侧选择"背景"项，可以在右边区域设置 CSS 样式的背景格式。

背景颜色：选择固定色作为背景。

背景图像：直接填写背景图像的路径，或单击"浏览"按钮找到背景图像的位置。

重复：在使用图像作为背景的时候，可以使用此项设置背景图像的重复方式，包括"不重复"、"重复"、"横向重复"和"纵向重复"。

附件：选择图像做背景的时候，可以设置图像是否跟随网页一同滚动。

水平位置：设置水平方向的位置，可以"左对齐"、"右对齐"、"居中"。还可以设置数值与单位结合表示位置的方式，比较常用的是像素单位。

垂直位置：可以选择"顶部"、"底部"、"居中"。还可以设置数值和单位结合表示位置的方式。

（3）区块：区块样式设置。在"CSS 规则定义"对话框左侧选择"区块"项，可以在右边区域设置 CSS 样式的区块格式。

单词间距：设置英文单词之间的距离，一般选择默认设置。

字母间距：设置英文字母间距，使用正值为增加字母间距，使用负值为减小字母间距。

垂直对齐：设置对象的垂直对齐方式。

文本对齐：设置文本的水平对齐方式。

文字缩进：这是最重要的项目。中文文字的首行缩进就是由它来实现的。首先填入具体的数值，然后选择单位。文字的缩进和字号要保持统一。例如，字号为 12px，要创建两个中文字的缩进效果，文字缩进就应该为 18px。

空格：对源代码文字空格的控制。选择"正常"，忽略源代码文字之间的所有空格。选择

"保留"，将保留源代码中所有的空格形式，包括由空格键、Tab 键、Enter 键创建的空格。

显示：指定是否以及如何显示元素。选择"无"则关闭它被指定给的元素的显示。在实际控制中很少使用。

（4）方框：方框样式的设置。前面设置过图像的大小、设置图像水平和垂直方向上的空白区域、设置图像是否有文字环绕效果等。方框设置进一步完善、丰富了这些设置。在"CSS 规则定义"对话框左侧选择"方框"项，可以在右边区域设置 CSS 样式的方框格式。

宽：通过数值和单位设置对象的宽度。

高：通过设置和单位设置对象的高度。

浮动：实际就是文字等对象的环绕效果。选择"右对齐"，对象居右，文字等内容从另外一侧环绕对象。选择"左对齐"，对象居左，文字等内容从另一侧环绕。选择"无"取消环绕效果。

清除：规定对象的一侧不许有层。可以通过选择"左对齐"、"右对齐"，选择不允许出现层的一侧。如果在清除层的一侧有层，对象将自动移到层的下面。"两者"是指左右都不允许出现层。"无"是不限制层的出现。

填充和边界：如果对象设置了边框，"填充"是指边框和其中内容之间的空白区域，"边界"是指边框外侧的空白区域。

（5）边框：边框样式设置。边框样式设置可以给对象添加边框，设置边框的颜色、粗细、样式。在"CSS 规则定义"对话框左侧选择"边框"项，可以在右边区域设置 CSS 样式的边框格式。

样式：设置边框的样式，如果选中"全部相同"复选框，则只需要设置"上"样式，其他方向的样式与"上"相同。

宽度：设置 4 个方向边框的宽度。可以选择相对值：细、中、粗。也可以设置边框的宽度值和单位。

颜色：设置边框对应的颜色，如果选中"全部相同"复选框，则其他方向的设置都与"上"相同。

（6）列表：列表样式设置。CSS 中有关列表的设置丰富了列表的外观。在"CSS 规则定义"对话框左侧选择"列表"项，可以在右边区域设置 CSS 样式的列表格式。

类型：设置引导列表项目的符号类型。可以选择圆点、圆圈、方块、数字、小写罗马数字、大写罗马数字、小写字母、大写字母、无列表符号等。

项目符号图像：可以选择图像作为项目的引导符号，单击右侧的"浏览"按钮，找到图像文件即可。选择 ul 标签可以对整个列表应用设置，选中 li 标签可对单独的项目应用设置。

位置：决定列表项目缩进的程度。选择"外"，列表贴近左侧边框，选择"内"，列表缩进。这项设置效果不明显。

（7）定位：定位样式设置。"定位"项实际上是对层的设置，但是因为 Dreamweaver 提供了可视化的层制作功能，所以此项设置在实际操作中几乎不会使用。

（8）扩展：扩展样式的设置。CSS 样式还可以实现一些扩展功能，这些功能集中在扩展面板上。这个面板主要包括 3 种效果：分页、光标和滤镜。在"CSS 规则定义"对话框左侧选择"扩展"项，可以在右边区域设置 CSS 样式的扩展格式。

分页：通过样式来为网页添加分页符号。允许用户指定在某元素前或后进行分页。分页的概念是打印网页中的内容时在某指定的位置停止，然后将接下来的内容继续打印在下一页纸上。

光标：通过样式改变鼠标形状，鼠标放置于被此项设置修饰的区域上时，形状会发生改变。具体的形状包括 crosshair（交叉十字）、text（文本选择符号）、wait（Windows 的沙漏形状）、default（默认的鼠标形状）、help（带问号的鼠标）、e-resize（向东的箭头）、ne-resize（指向东北方的箭头）、n-resize（向北的箭头）、nw-resize（指向西北的箭头）、w-resize（向西的箭头）、sw-resize（向西南的箭头）、s-resize（向南的箭头）、se-resize（向东南的箭头）、auto（正常鼠标）。

滤镜：使用 CSS 语言实现过滤器（滤镜）效果。单击"滤镜"下拉列表框旁的按钮，可以看见有多种滤镜效果可供选择，见表 4-1。

表 4-1　过滤器样式含义

滤镜效果	描述
Alpha	设置透明效果
Blru	设置模糊效果
Chroma	把指定的颜色设置为透明
DropShadow	设置投射阴影
FlipH	水平反转
FlipV	垂直反转
Glow	为对象的外边界增加光效
Grayscale	降低图片的彩色度
Invert	将色彩、饱和度以及亮度值完全反转建立底片效果
Light	设置灯光投影效果
Mask	设置遮罩效果，Color 指定遮罩的颜色
Shadow	设置阴影效果
Wave	设置水平方向和垂直方向的波动效果
Xray	设置 X 光照效果

单击 CSS 样式面板右上方的扩展按钮，弹出如图 4-84 所示的菜单。CSS 的相关操作都是通过这个菜单上的项目来实现的。

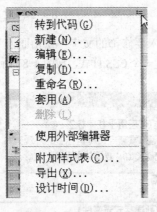

图 4-84　CSS 操作菜单

C　编辑 CSS 样式

选中需要编辑的样式类型，选择图 4-84 中的"编辑"项或直接单击"编辑样式"按钮，在弹出的"CSS 规则定义"对话框中修改相应的设置。编辑完成后单击"确定"按钮，CSS 样式就编辑完成了。

D　应用 CSS 自定义样式

选择页面中的元素，在其属性面板中的"样式"下拉列表中选择需要的自定义样式名。

E　附加样式表

选择"附加样式表"项，打开"链接外部样式表"对话框，如图 4-85 所示，可以链接外部的 CSS 样式文件。

文件/URL：设置外部样式表文件的路径，可以单击浏览按钮，在浏览窗口中找到样式表文件。

添加为：选择"链接"，这是 IE 和 Netscape 两种浏览器都支持的导入方式。"导入"只有 Netscape 浏览器支持。

设置完毕后单击"确定"按钮，CSS 文件即被导入到当前页面。

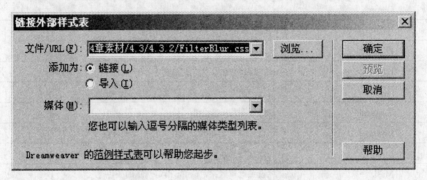

图 4-85　"链接外部样式表"对话框

【例 4-1】　制作模糊文字效果，如图 4-86 所示。

松山职院

图 4-86　CSS 应用文字特效

（1）新建网页，在网页中输入要修饰的文字"松山职院"。

（2）打开 CSS 样式面板，创建一个 CSS 样式，按图 4-87 所示设置弹出的"新建样式对话框"。

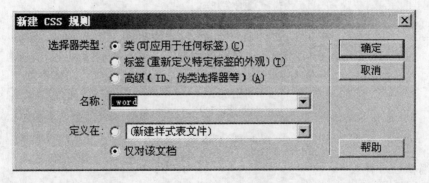

图 4-87　新建 CSS 规则

设置完成后，单击"确定"按钮弹出"CSS 样式定义"对话框，在"类型"设置区域中设置参数为字体：黑体，大小：60，粗细：粗体，颜色：#FF9900。

（3）要产生文字特效，最重要的是在"扩展"设置区域中进行特殊设置，如图 4-88 所示。

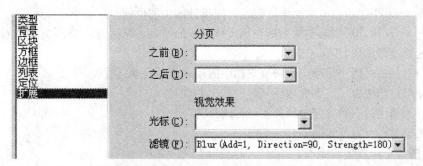

图 4-88 "扩展"选项设置滤镜参数

Blur 滤镜产生像被风吹一样的模糊效果。打开"滤镜"下拉列表选择 Blur(Add=?, Direction=?, Strength=?)，对 Blur 滤镜进行设置。

Add 参数是一个布尔值，一般来说，当滤镜用于图片时取 0，用于文字时取 1；

"Direction=?"为模糊方向，以 45°为单位改变，"0"为垂直向上，"45"向右上，"90"水平向右，"135"向右下，依次改变，这里设置 Direction=90；

Strength 代表模糊移动值，单位为像素，这里设置 Strength=180。

设置完成后，点击"确定"。

（4）在文档编辑区选中文字，在属性面板设置文字的"样式"为".word"。保存文件，按 F12 预览效果。

在只有 HTML 的时代，只能实现简单的网页效果。有了 CSS 样式，网页排版发生了翻天覆地的变化，在 Dreamweaver 8 里，使用 CSS 样式操作非常简单，而制作出来的效果可以更加炫目。

4.3.3.3 时间轴

时间轴是根据时间的流逝移动图层位置从而显示动画效果的一种动画编辑界面，在时间轴中包含了制作动画时所必须的各种功能。向时间轴上不同的时间部位放置不同的内容，可以实现网页元素的动画效果。

A 启动"时间轴"面板

执行菜单"窗口"→"时间轴"或按快捷键 Alt+F9，显示"时间轴"面板，如图 4-89 所示。

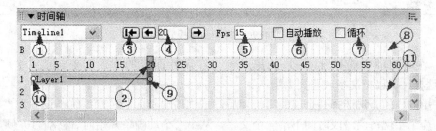

图 4-89 时间轴面板

B　时间轴面板的各项功能

（1）时间轴弹出菜单①：表示当前的时间轴名称。

（2）时间轴指针②：在界面上显示当前位置的帧。

（3）图 4-89 中③所指向的按钮表示不管时间轴在哪个位置，一直移动到第一帧。

（4）图 4-89 中④所指向的文本框表示时间指针的当前位置。

（5）图 4-89 中⑤所指向的文本框表示每秒显示的帧数。默认值是 15 帧。增加帧数值，则动画播放的速度将加快。

（6）自动播放：选中该项，则网页文档中应用动画后自动运行。

（7）循环：选中该项，则继续反复时间轴上的动画。

（8）行为通道：在指定帧中选择要运行的行为。

（9）关键帧：可以变化的帧。

（10）图层条：意味着插入了"层"等对象。

（11）图层通道：是用于编辑图层的空间。

C　创建时间轴动画

时间轴动画只能移动层对象，如果想移动文本或图像之类的对象，可以将其放置在层中。

【例 4-2】　制作文字动画。

（1）新建网页文件，把光标放到页面左上方的位置，在"插入"工具栏中选择"布局"中的"绘制层"按钮。创建六个层，分别输入文字"松"、"山"、"web"、"欢"、"迎"、"您"，并将图层排列在适当的位置。

（2）打开时间轴。选择层 1 后，拖动到时间轴的第一行上。

（3）用同样的方法，把包含有其他文字的层也根据文字的顺序拖动到时间轴的第 2～6 行上。

（4）为了减慢文字移动的速度，把时间轴中的 15 帧全部扩展为 25 帧，选择最后一帧，鼠标拖放至第 25 帧，如图 4-90 所示。

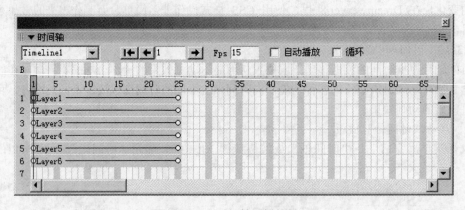

图 4-90　时间轴面板效果

（5）在时间轴中选择 Layer1 的第一帧，在属性面板的"顶端坐标值（T）"中输入"–50"，这样，可以把文字放置到上侧。

（6）用同样的方法选择其余层的第一帧后，把"顶端坐标值（T）"统一设置为"–50"。

（7）为了实现每隔一段时间下落一个文字，从第二个动画条开始向后移动 10 帧，并扩展调整最后一帧的位置至 75 帧，勾选"自动播放"和"循环"选项。时间轴面板设置如图 4-91

所示，动画效果如图 4-92 所示。

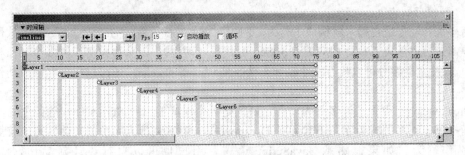

图 4-91 时间轴面板帧设置

图 4-92 动画效果

（8）按 F12 浏览效果。

4.3.3.4 行为

一般说来，动态网页是通过 JavaScript 或基于 JavaScript 的 DHTML 代码来实现的。包含 JavaScript 脚本的网页，还能够实现用户与页面的简单交互。但是编写脚本既复杂又专业，需要专门学习，而 Dreamweaver 提供的"行为"的机制，虽然也是基于 JavaScript 来实现动态网页和交互的，但却不需书写任何代码。在可视化环境中按几个按钮，填几个选项就可以实现丰富的动态页面效果，实现人与页面的简单交互。

行为是事件与动作的彼此结合。例如，当鼠标移动到网页的图片上方时，图片高亮显示，此时的鼠标移动称为事件，图片的变化称为动作，一般的行为都是要有事件来激活动作。动作是由预先写好的能够执行某种任务的 JavaScript 代码组成，而事件与浏览器前用户的操作相关，如单击鼠标、鼠标上滚等。

A 了解行为

"行为"可以创建网页动态效果，实现用户与页面的交互。行为是由事件和动作组成的。例如，将鼠标移到一幅图像上产生了一个事件，如果图像发生变化（如交换图像），就导致发生了一个动作。与行为相关的有三个重要的部分——对象、事件和动作。

（1）对象。对象是产生行为的主体，很多网页元素都可以成为对象，如图片、文字、多媒体文件甚至是整个页面等。

（2）事件。事件是触发动态效果的原因，它可以被附加到各种页面元素上，也可以被附加到 HTML 标记中。一个事件总是针对页面元素或标记而言的。例如，将鼠标移到图片上、把鼠标放在图片之外、单击鼠标，是与鼠标有关的三个最常见的事件。不同的浏览器支持的事件种类和多少是不一样的，通常高版本的浏览器支持更多的事件。

（3）动作。行为通过动作来完成动态效果，如图片翻转、打开浏览器、播放声音都是动作。动作通常是一段 JavaScript 代码。在 Dreamweaver 中使用 Dreamweaver 内置的行为往页面中添加 JavaScript 代码，就不必自己编写。

B　事件与动作

将事件和动作组合起来就构成了行为。例如，将单击行为事件与一段 JavaScript 代码相关联，单击鼠标时就可以执行相应的 JavaScript 代码（动作）。一个事件可以同多个动作相关联（1:n），即发生事件时可以执行多个动作。为了实现需要的效果，还可以指定和修改动作发生的顺序。

Dreamweaver 内置了许多行为动作，好像是一个现成的 JavaScript 库。除此之外，第三方厂商提供了更多的行为库，下载并在 Dreamweaver 中安装行为库中的文件，可以获得更多的可操作行为。如果很熟悉 JavaScript 语言，用户也可以自行设计新动作，添加到 Dreamweaver 中。

C　行为面板

在 Dreamweaver 中，对行为的添加和控制主要通过"行为"面板来实现。选择菜单"窗口"→"行为"命令，打开行为面板，如图 4-93 所示。

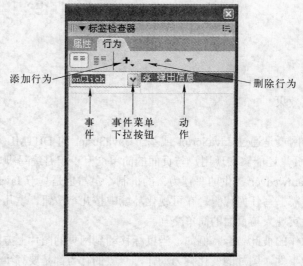

图 4-93　"行为"面板

在行为面板上可以进行如下操作：

（1）单击"+"按钮，打开"动作菜单"，添加行为；单击"−"按钮，删除行为。

（2）添加行为时，从"动作菜单"中选择一个行为项。

（3）单击"事件"列右方的下拉按钮，打开下拉事件菜单，可以选择事件。

（4）单击"向上"或"向下"箭头，可将动作项向前移或向后移，改变动作执行的顺序。

D　行为的应用

【例 4-3】　播放声音行为。

利用播放声音的动作，可以在网页中播放声音文件，如背景音乐，或单击某个按钮（文字或图片）播放一段声音。

（1）给网页添加背景音乐。

1）打开网页，单击编辑窗口状态栏上的 <body> 标记，选中整个网页。

2）打开行为面板，单击"+"按钮，在菜单中选择"播放声音"。

3）在弹出的菜单中输入音乐文件的路径，单击"确定"。

4）把事件调整为 onLoad（载入页面后执行动作）。

（2）给图片添加声音，方法同上。

【**例 4-4**】 设置状态行文本。

浏览器下端的状态行通常显示当前状态的提示信息，利用"设置状态栏文本"行为，可以重新设置状态行信息。

（1）选中要附加行为的对象，如网页的<body>标记，或一个链接。

（2）单击行为面板上的"+"按钮，在打开的动作菜单中选择"设置文本"→"设置状态文本"命令，在打开的"信息"对话框中输入需要的文本，如图 4-94 所示。

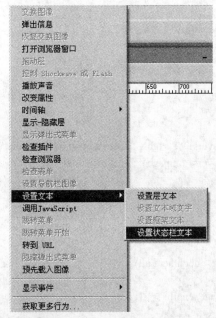

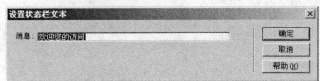

图 4-94　设置状态栏文本信息

按 F12 键，可以看到打开网页后，浏览器下端的状态行上有了新输入的信息。

4.3.4 网页美化技能拓展

要求使用 JavaScript 代码与 html 代码完成文字滚动和文字跟随鼠标飘动的网页特效，如图 4-95 所示。参照 http://www.gdsspt.net/site "资源下载"下的"第 4 章素材\4.3(2)时间轴\技能拓展"下的演示网页 pwtx .html 效果，学习使用 JavaScript 代码的使用。

参考代码如下：

```
<html>
  <head>
    //文字跟随鼠标飘动效果的 JavaScript 代码部分.
    <script>
```

```
var x,y
var step=26
var flag=0
var message="欢迎学习使用制作网页特效"
message=message.split("")
var xpos=new Array()
for (i=0;i<=message.length;i++)
   {
       xpos[i]=-50
   }
var ypos=new Array()
for (i=0;i<=message.length;i++)
   {
      ypos[i]=-50
   }


function handlerMM(e)
   {
     x = (document.layers) ? e.pageX : document.body.scrollLeft+event.clientX
     y = (document.layers) ? e.pageY : document.body.scrollTop+event.clientY
     flag=1
   }


function makeit()
   {
     if (flag==1   &&   document.all)
       {
         for (i=message.length; i>=1; i--)
           {
             xpos[i]=xpos[i-1]+step
             ypos[i]=ypos[i-1]
           }
         xpos[0]=x+step
         ypos[0]=y
         for (i=0; i<message.length; i++)
           {
             var thisspan = eval("span"+(i)+".style")
             thisspan.posLeft=xpos[i]
             thisspan.posTop=ypos[i]
           }
       }
     else if (flag==1   &&   document.layers)
       {
         for (i=message.length; i>=1; i--)
           {
             xpos[i]=xpos[i-1]+step
             ypos[i]=ypos[i-1]
           }
```

```
                    xpos[0]=x+step
                    ypos[0]=y
                    for (i=0; i<message.length; i++)
                      {
                        var thisspan = eval("document.span"+i);
                        thisspan.left=xpos[i]
                        thisspan.top=ypos[i]
                      }
                  }
              var timer=setTimeout("makeit()",50)
          }

          for (i=0;i<=message.length;i++)
            {
              document.write("<span id='span"+i+"'class='spanstyle'>")
              document.write(message[i])
              document.write("</span>")
            }
          if (document.layers)
            {
              document.captureEvents(Event.MOUSEMOVE);
            }
          document.onmousemove = handlerMM;
      </script>

      <style type="text/css">
          .spanstyle {position:absolute;visibility:visible;top:-50px;font-size:9pt;color: #FF0000;font-
weight:bold;}
      </style>
      </head>
      //制作滚动文字特效 HTML 代码如下。
      <body onLoad="makeit()">
          <marquee direction="right">Html 制作网页文字滚动特效</marquee>
      </body>
  </html>
```

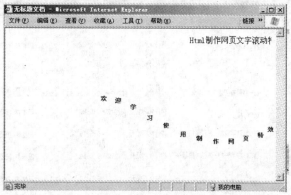

图 4-95　文字滚动与文字跟随鼠标飘动特效

5 网站管理系统构件的使用

5.1 网站栏目与内容管理

5.1.1 学习目标

5.1.1.1 知识目标
（1）学习网站管理的基本知识。
（2）了解网站栏目的分级管理。

5.1.1.2 技能目标
（1）能使用网站管理系统构件进行网站栏目的设置。
（2）能够对网站栏目的内容进行添加、修改与删除操作。
（3）能够在网站前台调用后台栏目的设置代码。

5.1.2 "紫日茶叶公司"网站栏目的设置步骤

（1）在 D 盘新建目录 test2，此目录下再创建子目录 news。将 http://www.gdsspt.net/site "资源下载"下的"第 5 章素材"目录下的"网站管理系统构件.rar"解压到目录 D:\test2\news 下，为本机配置虚拟目录 test2（参见 1.1 节内容），指向 D:\test2。

（2）在 IE 地址栏中输入 http://localhost/test2/News/admin_login.asp，输入用户名 admin，密码 admin，并按要求输入验证码，打开图 5-1 所示的网站管理系统构件主页面。

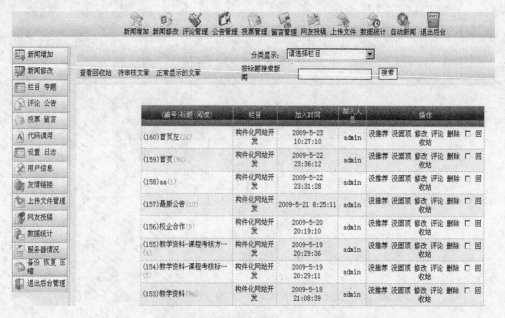

图 5-1　网站管理系统构件主页面

（3）点击网站管理系统构件主页面左边的"栏目 专题"中的"栏目"超链接，打开图 5-2 所示的栏目管理页面。

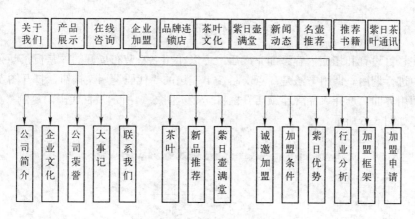

图 5-2 栏目管理页面

（4）在"增加一级栏目"文本框中输入图 5-3 所示的一级栏目"关于我们"，点击"增加"按钮添加此一级栏目。

图 5-3 网站栏目划分

（5）点击一级栏目"关于我们"旁边的超链接"增加二级栏目"，添加图 5-3 所示的"公司简介"等二级栏目。

（6）重复步骤（4）和步骤（5），完成图 5-3 所示所有一级栏目和相应二级栏目的添加，点击图 5-2 右边的操作可修改或删除栏目。

（7）在栏目设置完成后可对各栏目添加内容，点击图 5-1 左边的"新闻增加"按钮，出现图 5-4 所示的网站栏目内容添加界面。在"栏目选择"列表框中选择要添加内容的栏目名称，"新闻信息标题"文本框中输入栏目的内容标题，在中间的编辑器中输入栏目内容，完成后点击"保存"按钮完成栏目内容添加。

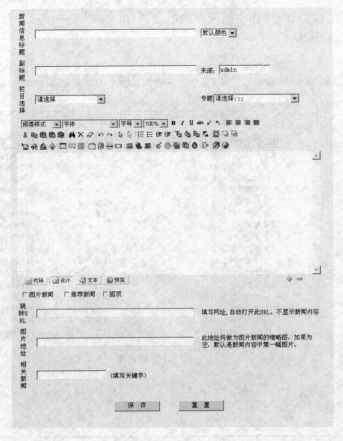

图 5-4　网站栏目内容添加

（8）在栏目设置和相应内容添加完成后，可以在 4.2.2 节布局好的"紫日茶叶公司"网站前台首页中进行调用。调用方法是：点击图 5-1 左边的"代码调用"按钮，打开图 5-5 所示的栏目代码调用界面，选择"品牌连锁店"栏目，显示图 5-6 所示栏目代码，复制"JS 调用："下的代码，如图 5-6 所示。

图 5-5　栏目代码调用

请选择栏目 ▼ 友情链接调用

新闻列表调用代码：
框架：
```
<iframe name=xuasnews76 src=/test2/News/newscode.asp?lm2=76&hot=0&tj=0&t=
0&week=0&font=9&line=12&lmname=0&n=30&list=10&more=1&hit=0&open=1&icon=1&
new=0&bg=ffffff marginwidth=1 marginheight=1 width=270 height="184" scrol
ling="no" border="0" frameborder="0"></iframe>
```

JS调用：
```
<script TYPE="text/javascript" language="javascript" src="/test2/News/new
scodejs.asp?lm2=76&list=10&icon=1&tj=0&font=9&hot=0&new=1&line=2&lmname=0
&open=1&n=20&more=1&t=0&week=0&zzly=0&hit=0&pls=0"></script>
```

头条新闻调用
```
<script TYPE="text/javascript" language="javascript" src="/test2/News/new
scode-news.asp?id=0&lm=76&list=1&font=9&nr=0&nrtop=150&nrcolor=999999&tit
leface=黑体&titlesize=16&titlen=30&titlebold=700&titlecolor=FF0000"></scr
ipt>
```

图 5-6　栏目代码显示

（9）在 Dreamweaver 软件中打开 4.2.2 节布局好的"紫日茶叶公司"网站前台首页 index.asp，将光标移到"品牌连锁店"栏目内，切换到"代码"视图，把上一步复制的代码粘贴进来，如图 5-7 所示。并参照 5.1.3 节的说明修改相应参数。

图 5-7　"品牌连锁店"栏目"代码"视图

（10）在 Dreamweaver 软件中保存 index.asp，在 IE 地址栏中输入 http://localhost/test2/index.asp 查看页面更新。

5.1.3　网站管理系统构件

5.1.3.1　网站栏目与内容管理简介

网站管理系统构件的主界面如图 5-1 所示。该构件提供了对网站栏目的划分与内容管理的功能，无须编写任何代码，就可使用户开发出适用的网站系统。用户只需在 Dreamweaver 等网页制作软件中设计出网页的主页面，在页面中调用栏目的内容显示代码，即可显示出各栏目的内容。如果栏目内容发生改变，只需在网站管理系统构件中修改相应栏目内容，网站前台页面中就会显示出栏目内容的变化。

　　5.1.3.2　网站栏目与内容设置

　　网站管理系统构件提供对网站前台栏目的分级管理，可设置三级栏目，各级栏目可设置相应的内容，具体设置方法如下：

　　（1）参照 5.1.2 节所述的步骤（3）～步骤（7）完成网站各级栏目及其内容的设置。

　　（2）设置各栏目内容显示的模版，网站管理系统构件提供了一般简单模版（见图 5-8），用户可以设置其他模版。

图 5-8　一般简单模版结构

　　在图 5-2 所示的栏目管理页面右边的"模版"中选择"一般简单模版"，当在"新闻动态"栏目的前台主页面中点击"新闻动态"栏目内容"模特茶艺大赛"时，浏览器中显示如图 5-9 所示的界面。

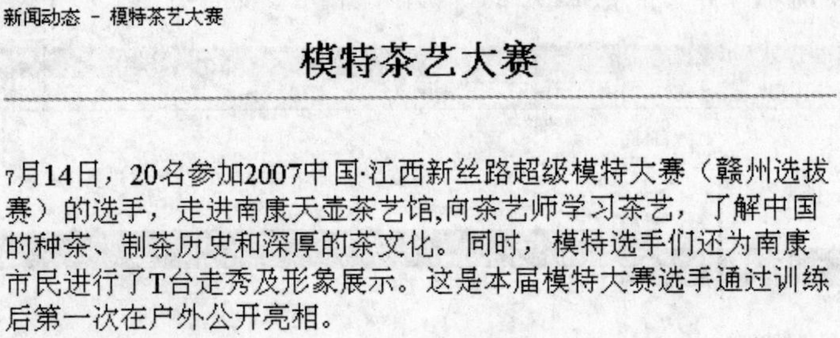

新闻动态 – 模特茶艺大赛

模特茶艺大赛

7月14日，20名参加2007中国·江西新丝路超级模特大赛（赣州选拔赛）的选手，走进南康天壶茶艺馆,向茶艺师学习茶艺，了解中国的种茶、制茶历史和深厚的茶文化。同时，模特选手们还为南康市民进行了T台走秀及形象展示。这是本届模特大赛选手通过训练后第一次在户外公开亮相。

图 5-9　一般简单模版页面显示

　　一般简单模版比较简洁，但有时不能满足用户对页面显示的要求，这时用户可设置其他的模版。要设置其他模版，可点击图 5-2 左边的"设置　日志"中的"设置"按钮进入图 5-10 所示的栏目设置界面。点击"进入栏目模版设置"，出现图 5-11 所示界面。点击"增加新闻模版"进入图 5-12 所示的栏目模版添加代码框。

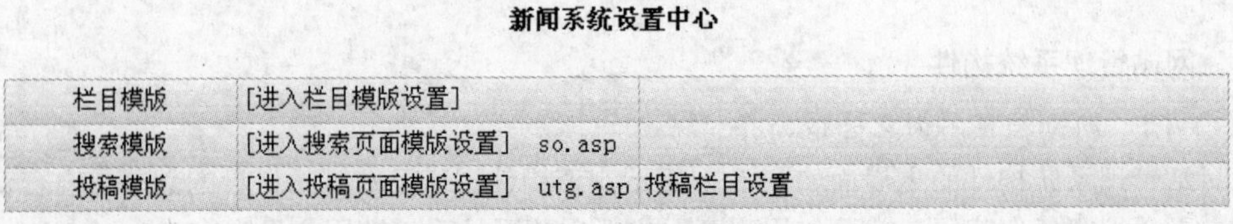

新闻系统设置中心

栏目模版	[进入栏目模版设置]		
搜索模版	[进入搜索页面模版设置]	so.asp	
投稿模版	[进入投稿页面模版设置]	utg.asp	投稿栏目设置

图 5-10　栏目模版设置

增加新 闻模版　　　搜索模版管理　　投稿模版管理

网页网站模版		查看　修改　删除
一般简单模版		查看　修改　删除

图 5-11　栏目模版添加与修改

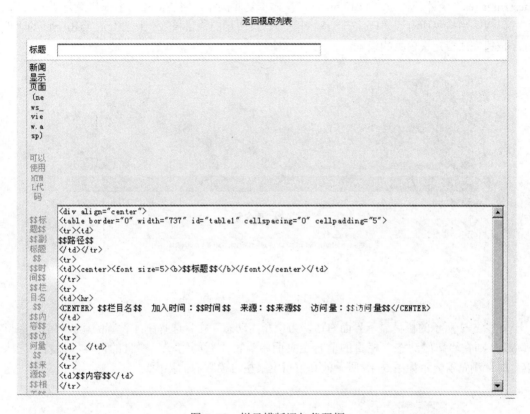

图 5-12　栏目模版添加代码框

由于代码框中的模版代码是一些 HTML 标记，不便于理解，因此将这些代码复制，在 Dreamweaver 软件中新建 HTML 页面，切换到代码视图，用复制的代码替换已有的代码，切换到设计视图，可以看到图 5-13 所示的栏目模版可视页面，在两个"$$"之间的文字是网站管理系统构件要求的关键字，不能改动，但整个页面的布局可以由用户设计。

图 5-13　栏目模版可视页面

　　例如，如果要按图 5-14 所示的模版来显示栏目内容，可以在图 5-12 所示的界面中输入标题"紫日茶叶模版"，在图 5-13 所示的视图下，将光标移动到表格的第一行，点击右键插入两行空行，将光标移到第一个空行，点击菜单"插入"→"媒体"→"Flash"，选择 3.7.2 节创建的"紫日茶叶公司"片头动画（即 test2\images\shouye.swf），将光标移到第二个空行，点击菜单"插入"→"图像对象"→"Firework HTML"，选择 2.4.2 节创建的"紫日茶叶公司"导航菜单（即 test2\menu.htm），切换到代码视图，点击菜单"编辑"→"查找和替换"，将"test2/images"全部替换为"/test2/images"，再重复此操作，将"test2"全部替换为"/test2"，在代码视图中拷贝所有代码，将其粘贴到图 5-12 所示的栏目模版代码框中，点击下面的"保存"按钮完成自定义模版的设置。

图 5-14　自定义栏目模版

　　在图 5-2 所示的栏目显示界面右边，为"新闻动态"栏目选择刚才设置的模版"紫日茶叶模版"，则在"新闻动态"栏目的前台主页面中点击"新闻动态"栏目的内容"模特茶艺大赛"时，浏览器显示如图 5-15 所示的利用自定义栏目模版后的界面。

图 5-15　利用自定义栏目模版前台显示页面

（3）在前台主页面中调用各栏目内容显示的代码。

1）栏目内容（或新闻列表调用）代码。如果要在前台调用栏目内容，可在前台主页面相应栏目位置插入下面三种代码之一。

① 框架调用格式：

```
<iframe name=xuasnews86 src=/test2/News/newscode.asp?lm2=86&hot=0&tj=0&t=0&week=0&font=9&line=12&lmname=0&n=30&list=10&more=1&hit=0&open=1&icon=1&new=0&bg=ffffff marginwidth=1 marginheight=1 width=270 height="184" scrolling="no" border="0" frameborder="0"></iframe>
```

② JS 调用格式：

```
<script TYPE="text/javascript" language="javascript" src="/test2/News/newscodejs.asp?lm2=86&list=10&icon=1&tj=0&font=9&hot=0&new=1&line=2&lmname=0&open=1&n=20&more=1&t=0&week=0&zzly=0&hit=0&pls=0"></script>
```

③ 头条新闻调用格式：

```
<script TYPE="text/javascript" language="javascript" src="/test2/News/newscode-news.asp?id=0&lm=86&list=1&font=9&nr=0&nrtop=150&nrcolor=999999&titleface=黑体&titlesize=16&titlen=30&titlebold=700&titlecolor=FF0000"></script>
```

上述代码中的参数说明如表 5-1 所示。

表 5-1 栏目内容调用代码参数说明

参 数	说 明
lm2 或 lm	栏目的 ID，一般不用改动它。如果 lm2=0，那么显示所有栏目的新闻
hot=0	是否按新闻的点击数量排序，热点新闻。0 为普通排序，1 为按点击次数排序
tj=0	显示推荐新闻，0 不显示，1 为显示推荐新闻
t=0	是否在标题后面显示新闻的添加修改时间，如果等于 0 不显示，1/2/3/4 种模式显示
week=0	是否在标题后面显示新闻的添加星期。0 不显示，1 显示
font=9	设置标题的字号，默认是 9，可以设置为 10.5 或者 12
line=12	设置标题的行间距，默认是 12，可以自行设置，数字越大，行距越大
lmname=0	是否显示栏目名称。0 不显示，1 为显示
n=30	每个标题显示的字数。默认是 30 个字符(1 个汉字是 2 个字符)
list=10	显示多少条标题，默认是 10 条标题
more=1	是否显示"更多内容"。0 不显示，1 为显示，2 为在框内显示分页
hit=0	是否在标题后显示点击数。0 不显示，有 hit=1 和 hit=2 两种模式
open=1	是否新开窗口浏览新闻内容。0 不开新，1 为新开
icon=1	自定义在标题前显示图标。0 不显示，1 显示默认，可自定义图片(如 icon=/images/123.gif)
new=0	当天的最新新闻是否显示一个动画图片 NEW 。如果 new=1 就显示，new=0 就不显示
bg=ffffff	新闻调用窗口的背景颜色，默认是白色(ffffff)，切记不要加#
zz=0	新闻标题后面不显示来源作者。zz=1 显示
hit=0	在新闻标题后面显示此条新闻的阅读数。hit=1 时显示
pls=0	在新闻标题后面显示此条新闻的评论数。pls=1 时显示

参　数	说　　明
titleface	头条调用新闻有效，标题的字体，titleface=黑体
titlesize	头条调用新闻有效，标题的字型大小，titlesize=16，即 16pt
titlen	头条调用新闻有效，标题显示字数
titlebold	头条调用新闻有效，标题是否加粗，titlebold=700 加粗，titlebold=100 不加粗
titlecolor	头条调用新闻有效，标题的颜色

2）如果栏目内容以图片显示，可使用如下图片调用代码之一。

① 框架格式：

```
<iframe name=xuaspic86 src=/test2/News/piccode.asp?lm2=86&n=20&open=1&w=150&h=150&nr=0&nrtop=100&pic=1&bg=ffffff marginwidth=1 marginheight=1 width=270 height="184" scrolling="no" border="0" frameborder="0"></iframe>
```

② JS 调用：

```
<script TYPE="text/javascript" language="javascript" src="/test2/News/piccodejs.asp?lm2=86&x=1&y=1&w=100&h=100&open=1&n=20"></script>
```

③ 图片幻灯效果调用（框架）（读取前六张图片）：

```
<iframe name=xuaspic86 src=/test2/News/js-pic2.asp?lm2=86&n=20&w=200&h=160 marginwidth=1 marginheight=1 width=200 height="160" scrolling="no" border="0" frameborder="0"></iframe>
```

上述代码中的参数说明如表 5-2 所示。

表 5-2　栏目内容图片调用代码参数说明

参　数	说　　明
lm2	栏目的 ID，一般不用改动它。如果 lm2=0，就显示所有的栏目(lm2=0 只针对 JS 调用)
n=20	每个标题显示的字数。默认是 20 个字，如果 n=0 那么不显示标题
w=150	图片的宽度，默认是 150
h=150	图片的高度，默认是 150
open=1	是否新开窗口浏览新闻内容。0 不新开，1 为新开
nr=0	是否在图片的右边显示一部分新闻内容。0 为不显示，1 为显示。默认为 0
nrtop=100	如果 nr=1 显示一部分的新闻内容，那么 nrtop=100 就是显示内容前多少字，默认是 100
pic=1	显示多少张图片，pic=1，就是显示 1 张
bg=ffffff	新闻调用窗口的背景颜色，默认是白色(ffffff)，切记不要加#
x=1	横排显示多少图片，默认是 1
y=1	竖排显示多少图片，默认是 1

3）新闻搜索代码（支持标题和内容模糊搜索）：

```
<table border="0" cellpadding="0" cellspacing="0" width="100%" id="table1">
<form method="post" action="so.asp"><tr>
<td><input type="text" name="word" size="15"><input type="submit" value="搜索" name="B1"></td>
</form></tr></table>
```

4）栏目名称调用：

```
<script TYPE="text/javascript" language="javascript" src="/test2/News/lmcode.asp?fs=1&lm=86&ord=
asc"></script>
```

上述代码中的参数说明如表 5-3 所示。

表 5-3　栏目名称调用代码参数说明

参　　数	说　　明
fs=1	竖排显示所有一级栏目和二级栏目
fs=2	显示所有横排二级栏目
fs=3	横排显示所有一级栏目
fs=4	竖排显示栏目下面的子栏目（lm=必须有值）
lm=0	显示所有栏目，这里是指的一级栏目的编号，将显示一级栏目下面的所有二级栏目（fs=2 时有效）
ord=asc	排序，asc 为正序，如果 ord=desc，则是反序。

5.1.4　网站管理系统构件使用技能拓展

参考前面代码的调用说明，在 Dreamweaver 软件中打开在 4.2.2 节中布局好的"紫日茶叶公司"网站前台首页 index.asp，将光标移到"茶叶精品"、"名壶推荐"、"推荐书籍"、"紫日茶叶通讯"栏目内，切换到"代码"视图，通过调用图片显示代码，以图片方式显示各栏目的内容，如图 5-16 所示。

图 5-16　以图片方式显示各栏目的内容

5.2　网站留言管理构件的使用

5.2.1　学习目标

5.2.1.1　知识目标

了解网站留言管理构件的功能。

5.2.1.2　技能目标

（1）能够对留言的内容进行审核、回复与删除等操作。

（2）能够在网站前台调用后台留言代码。

5.2.2　利用网站留言管理构件实现"紫日茶叶公司"网站的在线咨询

（1）在 D 盘新建目录 test2，此目录下再创建子目录 news，将 http://www.gdsspt.net/site "资源下载"中的"第 5 章素材"目录下的"网站管理系统构件.rar"下载解压到目录 D:\test2\news 下，为本机配置虚拟目录 test2（参见 1.1 节内容），指向 D:\test2。

（2）用 Fireworks 软件打开 D:\test2\news\images 目录下的 lyTOPS.png，将其中的文字修改为"紫日茶叶在线咨询"。

（3）在 IE 地址栏中输入 http://localhost/test2/News/ly.asp，打开图 5-17 所示的网站管理系统构件留言——紫日茶叶在线咨询主页面。

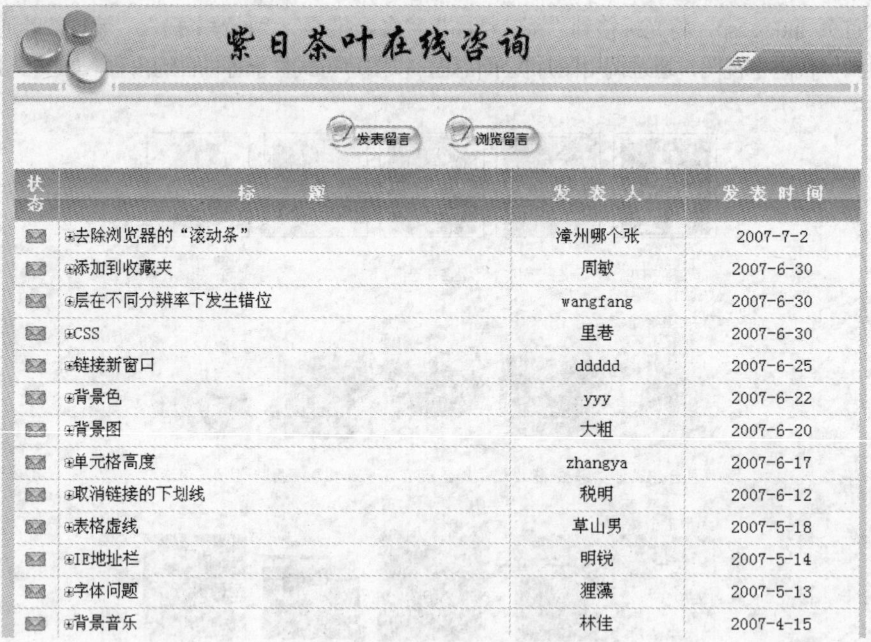

状态	标　题	发　表　人	发　表　时　间
✉	⊕去除浏览器的"滚动条"	漳州哪个张	2007-7-2
✉	⊕添加到收藏夹	周敏	2007-6-30
✉	⊕层在不同分辨率下发生错位	wangfang	2007-6-30
✉	⊕CSS	里巷	2007-6-30
✉	⊕链接新窗口	ddddd	2007-6-25
✉	⊕背景色	yyy	2007-6-22
✉	⊕背景图	大粗	2007-6-20
✉	⊕单元格高度	zhangya	2007-6-17
✉	⊕取消链接的下划线	税明	2007-6-12
✉	⊕表格虚线	草山男	2007-5-18
✉	⊕IE地址栏	明锐	2007-5-14
✉	⊕字体问题	狸藻	2007-5-13
✉	⊕背景音乐	林佳	2007-4-15

图 5-17　在线咨询主界面

（4）在 IE 地址栏中输入 http://localhost/test2/News/admin_login.asp，输入用户名 admin，密码 admin，并按要求输入验证码，打开图 5-1 所示的网站管理系统构件主页面。

（5）点击网站管理系统构件主页面左边的"留言"超链接，打开图 5-18 所示的留言管理页面。

（6）在图 5-17 所示的界面发表留言后，并不能立即浏览到发表的留言，必须在图 5-18 所示的右边"操作"中点击"未审核"，文字变为"已经审核"后，在图 5-17 所示的界面才能浏览到相应的留言。

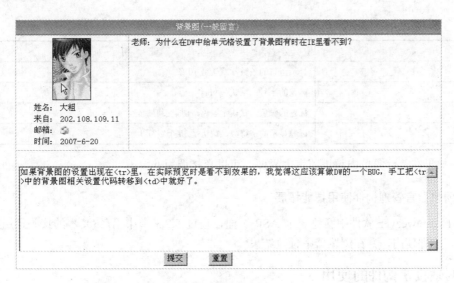

图 5-18 留言管理主界面

（7）如果要对某个留言进行回复，可点击图 5-18 所示的"查看回复"，打开图 5-19 所示的留言回复界面。

图 5-19 留言回复界面

（8）如果要删除某个留言，可点击图 5-18 所示的"删除"按钮进行删除。

5.2.3 网站留言管理构件应用基础

留言及其管理是网站常用的功能之一。网站留言管理构件为网站留言系统的开发和应用提供了良好的应用接口。用户可以发表留言，有权限的管理人员可以查看审核留言、回复留言、删除留言等。用户只需按如下步骤使用网站留言管理构件即可完成网站留言及其管理功能。

（1）用 Dreamweaver 软件打开 News 目录下的 ly.asp，如图 5-20 所示，按照用户要求修改留言浏览页面。

图 5-20　留言构件 ly.asp 页面

（2）进入网站管理系统构件的后台（见图 5-1）完成留言的管理功能。

（3）如果要调用留言构件，可使用如下两种方式：

1）如果在前台栏目中调用留言构件，可使用如下代码：

```
<script TYPE="text/javascript" language="javascript" src="/test2/News/js-ly.asp?list=10&font=9&color=000000&n=30&lb=0"></script>
```

代码中的参数说明如表 5-4 所示。

表 5-4　留言构件调用代码参数说明

参　　数	说　　明
list	显示留言的条数，默认是 10 条
font	标题的字号，默认是 9pt
color	标题的颜色，默认是黑色，切记不要加#
n	标题显示的字符数，默认是 30 个字符

2）如果在前台菜单中调用留言主界面，可以直接调用 ly.asp。

5.2.4　网站留言管理构件使用技能拓展

在 Dreamweaver 软件中新建一个 ASP 页面，通过 5.2.3 节中第（3）步的代码调用方式实现对留言构件使用，并在浏览器中预览结果。

5.3　网站投票构件的使用

5.3.1　学习目标

5.3.1.1　知识目标

了解网站投票构件的功能。

5.3.1.2　技能目标

（1）学会设置、修改与删除投票问题及其选项。

（2）学会查看投票统计情况。

5.3.2 操作步骤

（1）在 IE 地址栏中输入 http://localhost/test2/News/admin_login.asp，输入用户名 admin，密码 admin，并按要求输入验证码，打开图 5-1 所示的网站管理系统构件主页面。

（2）点击左边"投票 留言"中的"投票"，打开图 5-21 所示的投票管理界面，在标题文本框中输入"您觉得我们的网站还应在哪方面进行改进？"，点击"保存后再增加选项"。

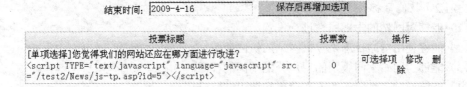

标题：[　　　　　　　　　　　　　　] [单项选择 ▾]
结束时间：[2009-4-16　　　] [保存后再增加选项]

投票标题	投票数	操作
[单项选择]您觉得我们的网站还应在哪方面进行改进？ <script TYPE="text/javascript" language="javascript" src="/test2/News/js-tp.asp?id=5"></script>	0	可选择项 修改 删除

图 5-21 投票管理界面

（3）点击图 5-21 中"操作"栏下的"可选择项"，打开图 5-22 所示的可选择项管理界面，在选项文本框中依次输入"版面"、"内容"、"论坛"、"栏目"、"频道"。

选项：[　　　　　　　　　　　　　　] [保存]

结束时间：2009-3-20

您觉得我们的网站还应在哪方面进行改进？	投票数	操作
版面	↑ ↓ 0	修改 删除
内容	↑ ↓ 0	修改 删除
论坛	↑ ↓ 0	修改 删除
栏目	↑ ↓ 0	修改 删除
频道	↑ ↓ 0	修改 删除

图 5-22 可选择项管理界面

（4）在 Dreamweaver 软件中打开 4.2.2 节设计的紫日茶叶公司主页面 index.asp，将光标移动到"在线调查"栏目中，切换到代码视图，把图 5-21 所示的代码复制到此处，完成前台投票栏目的设计。

5.3.3 网站投票构件简介

投票功能是网站常用功能之一，这里提供的网站投票构件是要求从若干的单一选项中选择唯一的一个作为投票结果，在后台投票管理界面中统计投票情况。

5.3.4 网站投票构件使用技能拓展

根据需要，为网站设置相应的投票问题及其选项，并在后台投票管理界面中统计投票情况。

5.4 网站其他管理功能

5.4.1 学习目标

5.4.1.1 知识目标

（1）了解网站的常规设置功能。

（2）了解网站日志的作用。

（3）了解网站用户权限的分级管理功能。

（4）了解友情链接的使用方式。

（5）了解网站文件的管理知识。

（6）了解网站相关数据的获取与统计分析。

（7）了解对网站服务器运行状况的跟踪知识。

（8）了解网站数据库的备份、恢复与压缩功能。

5.4.1.2　技能目标

（1）能够对网站的常规属性进行设置。

（2）能够使用网站日志来分析网站的访问情况。

（3）能够为网站不同级别的用户分配不同的权限。

（4）能够通过多种灵活的方式设置和调用友情链接。

（5）能够对上传到网站的文件进行管理。

（6）能够获取网站相关数据并进行统计分析。

（7）能够跟踪网站服务器运行状况并进行分析。

（8）能够对网站数据库进行备份、恢复与压缩。

5.4.2　利用网站管理系统构件对网站进行管理

（1）点击图 5-1 左边"评论　公告"中的"公告"，出现图 5-23 所示的添加公告界面，输入公告标题"欢迎光临紫日茶叶公司"和输入公告内容"紫日茶叶公司欢迎您！"。

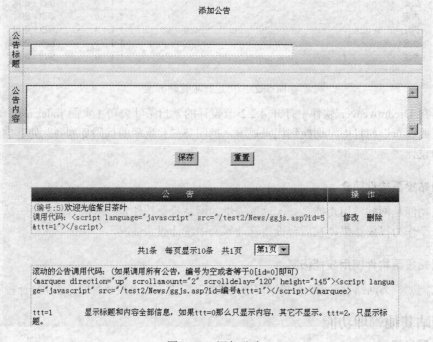

图 5-23　添加公告

（2）在 Dreamweaver 软件中打开 4.2.2 节设计的紫日茶叶公司主页面 index.asp，将光标移动到"最新公告"栏目中，切换到代码视图，把图 5-23 所示的调用代码复制到此处，完成前台"最新公告"栏目的设计,在浏览器中预览效果。

(3)点击图 5-1 左边的"友情链接",出现图 5-24 所示的友情链接调用界面,输入要链接的网站名称、网站地址、网站 LOGO、网站介绍,可以设置若干友情链接网站。

(4)已经添加的友情链接显示在图 5-24 中,可以对这些友情链接进行修改、删除、固顶、提升等操作。

友情链接调用

添加/修改友情链接

网站名称	
网站地址	http://
网站LOGO	宽:88 高:31 (图片)
网站介绍	

保存　重置

LOGO	网站名称	网站地址	操 作
網易	cc	http://www.163.com	修改 固顶 删除 提升
Google	bb	http://www.163.com	修改 固顶 删除 提升
新浪网	aa	http://www.163.com	修改 固顶 删除 提升
武夷岩茶网 www.51-tea.com	学院首页	http://www.gdsspt.net	修改 固顶 删除 提升
中国茶叶网 china-tea.org	系部首页	http://jsjx.gdsspt.net	修改 固顶 删除 提升
茶	Google	http://www.google.com	修改 固顶 删除 提升
福建	百度	http://www.baidu.com	修改 固顶 删除 提升
Baidu百度	新浪网	http://www.sina.com.cn	修改 固顶 删除 提升

共8条　每页显示20条　共1页　第1页▼

图 5-24　友情链接调用

(5)要在前台页面中调用友情链接,点击图 5-1 左边的"代码调用",再点击"友情链接调用",出现图 5-25 所示的友情链接调用代码,选择"图片方式调用(横排,不分行)"下的代码。

(6)在 Dreamweaver 软件中打开 4.2.2 节设计的紫日茶叶公司主页面 index.asp,将光标移动到"友情链接"栏目中,切换到代码视图,把上面复制的友情链接调用代码粘贴到此处,完成前台"友情链接"栏目的设计,在浏览器中预览效果。

5.4.3　网站管理系统构件的常用管理功能

整个网站管理系统构件除了前面操作中使用的功能外,还具有一些辅助的功能,它们在网站开发中也是具有举足轻重的作用。

图 5-25 友情链接调用代码

5.4.3.1 评论搜索

在网站的各栏目中，客户可以对栏目及其内容作出评论，有利于网站管理者对栏目进行改进。点击图 5-1 左边"评论 公告"中的"评论"，可以搜索客户对网站栏目的评价，如图 5-26 所示。

图 5-26 评论搜索

5.4.3.2 网站管理系统构件常规设置

网站管理系统构件提供的常规设置有：

（1）栏目模版设置。

（2）栏目内容搜索模版设置。

（3）客户投稿内容设置。

（4）对网站上传文件大小、类型等的设置功能。

（5）对栏目内容时效性和评论显示方式的设置。

（6）广告设置。

（7）禁止访问网站的 IP 地址设置。

（8）留言审核、投稿设置、栏目内容录入员录入审核设置。

图 5-27 显示网站管理系统构件常规设置及详细说明。点击图 5-1 左边"设置 日志"中的"设置"，可以打开网站管理系统构件常规设置。

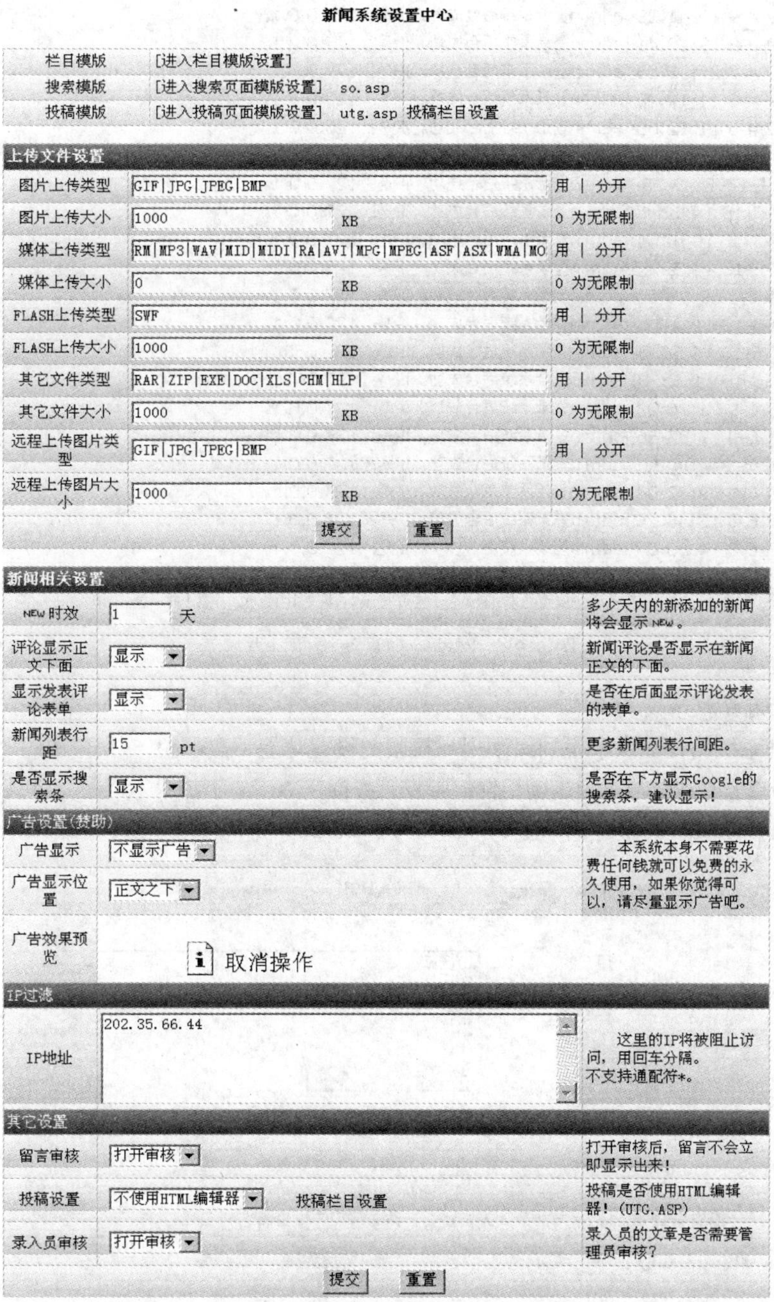

图 5-27 网站管理系统构件常规设置

5.4.3.3   日志显示

日志显示功能可以监控访问网站后台的情况。点击图 5-1 左边"设置 日志"中的"日志",可以打开网站管理系统构件日志显示界面,如图 5-28 所示。

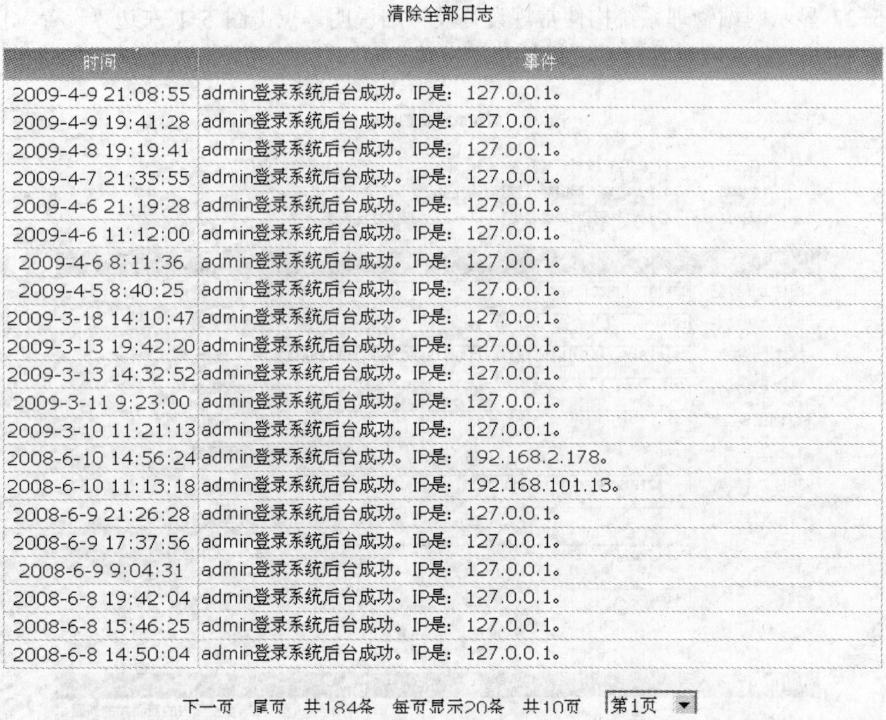

清除全部日志

时间	事件
2009-4-9 21:08:55	admin登录系统后台成功。IP是: 127.0.0.1。
2009-4-9 19:41:28	admin登录系统后台成功。IP是: 127.0.0.1。
2009-4-8 19:19:41	admin登录系统后台成功。IP是: 127.0.0.1。
2009-4-7 21:35:55	admin登录系统后台成功。IP是: 127.0.0.1。
2009-4-6 21:19:28	admin登录系统后台成功。IP是: 127.0.0.1。
2009-4-6 11:12:00	admin登录系统后台成功。IP是: 127.0.0.1。
2009-4-6 8:11:36	admin登录系统后台成功。IP是: 127.0.0.1。
2009-4-5 8:40:25	admin登录系统后台成功。IP是: 127.0.0.1。
2009-3-18 14:10:47	admin登录系统后台成功。IP是: 127.0.0.1。
2009-3-13 19:42:20	admin登录系统后台成功。IP是: 127.0.0.1。
2009-3-13 14:32:52	admin登录系统后台成功。IP是: 127.0.0.1。
2009-3-11 9:23:00	admin登录系统后台成功。IP是: 127.0.0.1。
2009-3-10 11:21:13	admin登录系统后台成功。IP是: 127.0.0.1。
2008-6-10 14:56:24	admin登录系统后台成功。IP是: 192.168.2.178。
2008-6-10 11:13:18	admin登录系统后台成功。IP是: 192.168.101.13。
2008-6-9 21:26:28	admin登录系统后台成功。IP是: 127.0.0.1。
2008-6-9 17:37:56	admin登录系统后台成功。IP是: 127.0.0.1。
2008-6-9 9:04:31	admin登录系统后台成功。IP是: 127.0.0.1。
2008-6-8 19:42:04	admin登录系统后台成功。IP是: 127.0.0.1。
2008-6-8 15:46:25	admin登录系统后台成功。IP是: 127.0.0.1。
2008-6-8 14:50:04	admin登录系统后台成功。IP是: 127.0.0.1。

下一页 尾页 共184条 每页显示20条 共10页 第1页 ▼

图 5-28   网站管理系统构件日志显示

5.4.3.4   用户权限设置

网站管理系统构件提供了不同级别用户权限的设置功能,点击图 5-1 左边的"用户信息",可以打开图 5-29 所示网站管理系统构件权限设置界面,点击"增加录入人员",可以打开图 5-30 所示的网站管理系统构件用户权限添加界面,可以指定录入用户可管理的栏目权限。

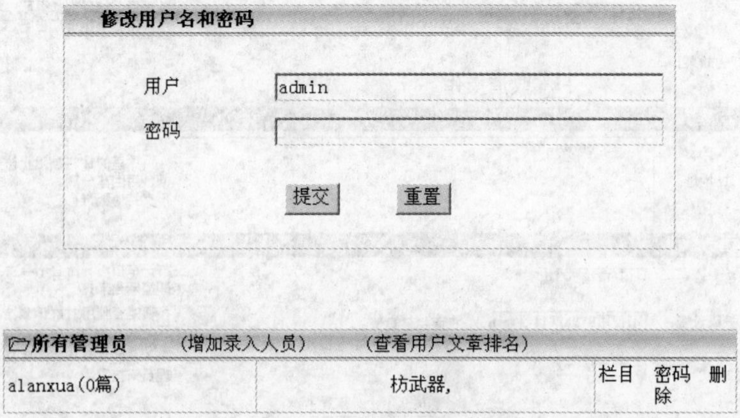

修改用户名和密码

用户   admin

密码

提交   重置

📂所有管理员	(增加录入人员)	(查看用户文章排名)		
alanxua(0篇)		枋武器,	栏目 密码	删除

图 5-29   网站管理系统构件用户权限设置

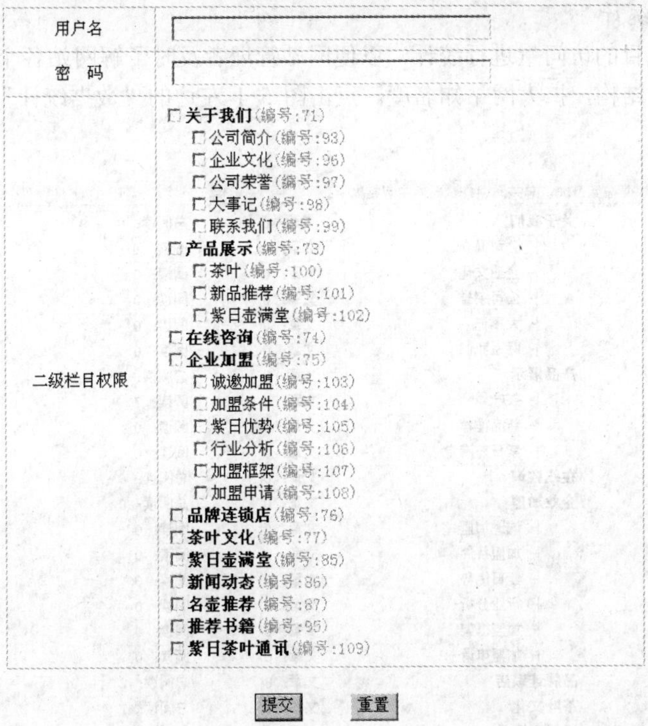

图 5-30 网站管理系统构件用户权限添加

5.4.3.5 上传文件管理

可以对各个栏目中所使用的图片及传到网站上的相关文件进行管理。点击图 5-1 左边的"上传文件管理"，可以打开图 5-31 所示的上传文件管理界面。对不再使用的文件及时删除，以免占用过多的空间。

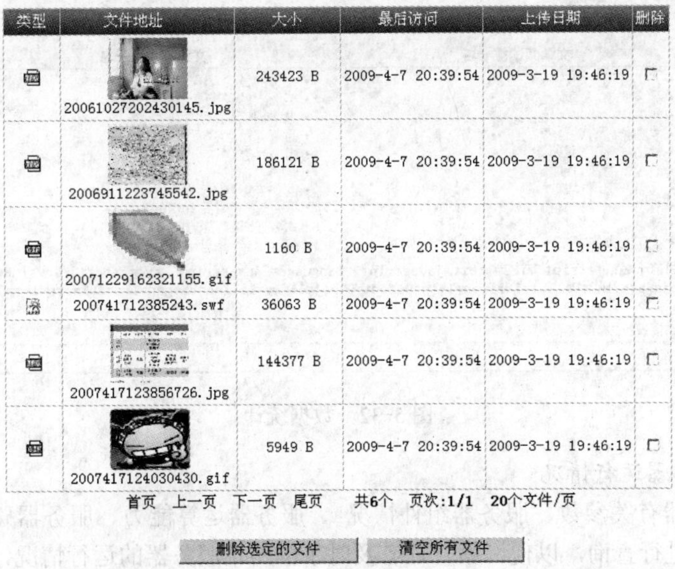

图 5-31 上传文件管理

5.4.3.6　数据统计

可以对各个栏目的访问量进行统计，以便网站管理者及时了解网站各个栏目的用户关注情况，合理调整栏目结构，扩大网站知名度。点击图 5-1 左边的"数据统计"，可以打开图 5-32 所示数据统计界面。

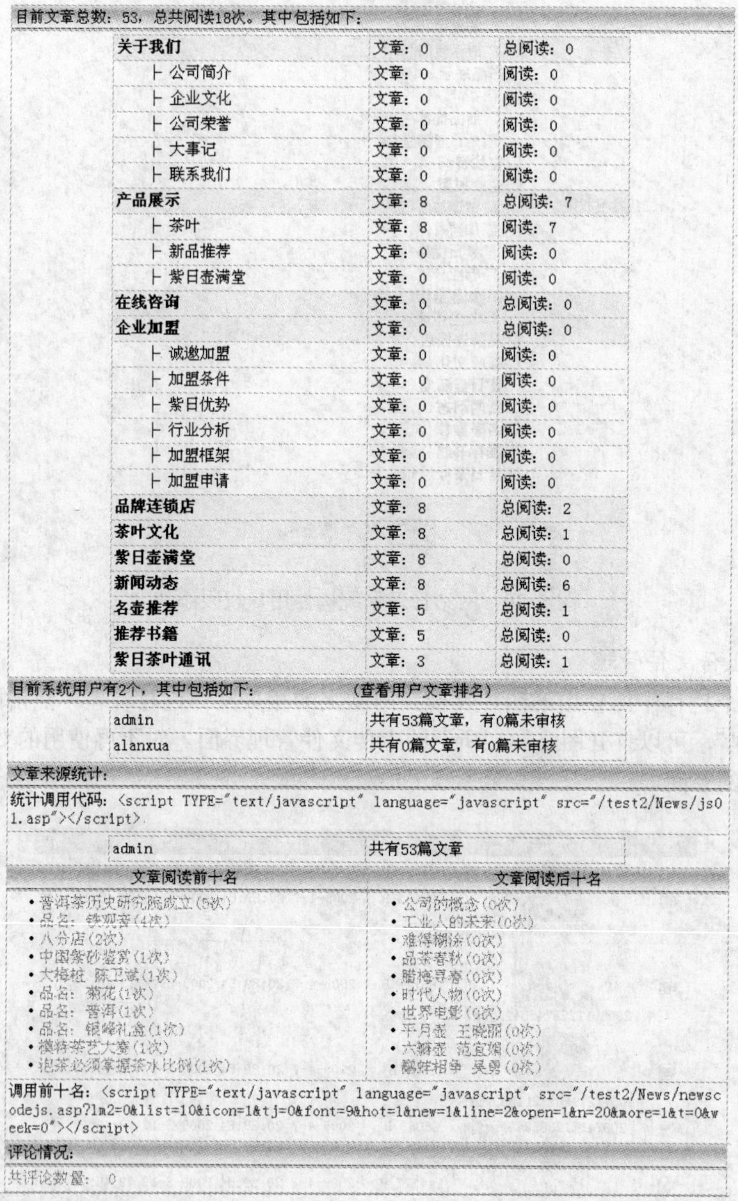

目前文章总数：53，总共阅读18次，其中包括如下：		
关于我们	文章：0	总阅读：0
├ 公司简介	文章：0	阅读：0
├ 企业文化	文章：0	阅读：0
├ 公司荣誉	文章：0	阅读：0
├ 大事记	文章：0	阅读：0
├ 联系我们	文章：0	阅读：0
产品展示	文章：8	总阅读：7
├ 茶叶	文章：8	阅读：7
├ 新品推荐	文章：0	阅读：0
├ 紫日壶满堂	文章：0	阅读：0
在线咨询	文章：0	总阅读：0
企业加盟	文章：0	总阅读：0
├ 诚邀加盟	文章：0	阅读：0
├ 加盟条件	文章：0	阅读：0
├ 紫日优势	文章：0	阅读：0
├ 行业分析	文章：0	阅读：0
├ 加盟框架	文章：0	阅读：0
├ 加盟申请	文章：0	阅读：0
品牌连锁店	文章：8	总阅读：2
茶叶文化	文章：8	总阅读：1
紫日壶满堂	文章：8	总阅读：0
新闻动态	文章：8	总阅读：6
名壶推荐	文章：5	总阅读：1
推荐书籍	文章：5	总阅读：1
紫日茶叶通讯	文章：3	总阅读：1

目前系统用户有2个，其中包括如下：	（查看用户文章排名）
admin	共有53篇文章，有0篇未审核
alanxua	共有0篇文章，有0篇未审核

文章来源统计：

统计调用代码：<script TYPE="text/javascript" language="javascript" src="/test2/News/js01.asp"></script>

admin	共有53篇文章

文章阅读前十名	文章阅读后十名
·晋海茶历史研究院成立（5次）	·公司的概念（0次）
·品名：锌翠春（4次）	·工业人的未来（0次）
·八分店（2次）	·难得糊涂（0次）
·中国紫砂瓷剪（1次）	·品茶喜秋（0次）
·大梅桩 陈卫减（1次）	·醋梅寻春（0次）
·品名：菊花（1次）	·时代人物（0次）
·品名：晋洱（1次）	·世界电器（0次）
·品名：银峰礼盒（1次）	·平月壶 王晓娜（0次）
·福特茶艺大赛（1次）	·六瓣壶 范宜阅（0次）
·起茶必须掌握茶水比例（1次）	·鼬祥招争 吴勇（0次）

调用前十名：<script TYPE="text/javascript" language="javascript" src="/test2/News/newscodejs.asp?lm2=0&list=10&icon=1&tj=0&font=9&hot=1&new=1&line=2&open=1&n=20&more=1&t=0&week=0"></script>

评论情况：

共评论数量：0

图 5-32　数据统计

5.4.3.7　服务器运行情况

可以对服务器有关参数、服务器组件情况、服务器运算能力、服务器磁盘信息、服务器连接速度等信息进行查询，以便网站管理者及时了解网站服务器的运行情况，保证网站的正常运行。点击图 5-1 左边的"服务器情况"，可以打开图 5-33 所示服务器情况界面。

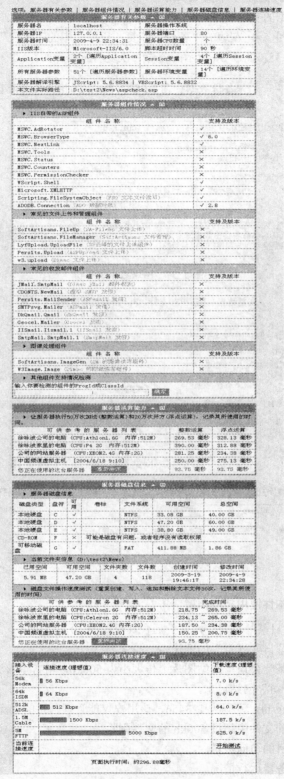

图 5-33 服务器情况

5.4.3.8　网站数据的备份、恢复与压缩

为了保证网站数据的安全与持久，网站管理系统构件提供了对网站数据库备份、恢复与压缩的功能，依次点击图 5-1 左边的"备份　恢复　压缩"中的"备份"、"恢复"、"压缩"，可以打开图 5-34、图 5-35、图 5-36 所示的备份、恢复与压缩界面。

图 5-34　网站数据的备份

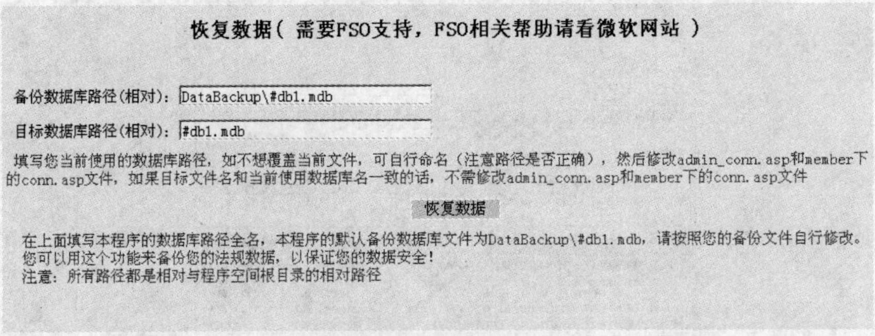

图 5-35　网站数据的恢复

图 5-36　网站数据的压缩

5.4.4　网站管理系统构件使用技能拓展

在 IE 中打开"紫日茶叶公司"网站的后台（见图 5-1），完成以下工作：

（1）搜索有关"紫日壶满堂"的评论。

（2）设置"紫日茶叶公司"网站图片上传大小为 500kb，留言审核为"关闭审核"。

（3）"紫日茶叶公司"网站日志。

（4）设置用户 tangshi，密码为 123456，该用户仅能管理网站的"新闻动态"栏目。

（5）将网站上传的文件中超过 500kb 的文件删除。

（6）查看各个栏目的访问数量。

（7）查看网站服务器运行情况。

（8）备份、恢复与压缩网站数据库。

6 网站论坛构件的使用

6.1 论坛构件前台

6.1.1 学习目标

6.1.1.1 知识目标

（1）了解论坛的常用功能（会员、积分、等级、版主）。

（2）了解 UBB 语法。

（3）了解论坛的签名、短消息、权限的知识。

6.1.1.2 技能目标

（1）能进行论坛的注册。

（2）能进行论坛的登录。

（3）能使用论坛搜索帖子。

（4）能发送短消息。

（5）能发布、编辑、修改和删除帖子。

（6）能上传附件到论坛。

（7）能发起投票。

（8）能进行遗忘密码的处理

（9）能获取更多论坛权限。

6.1.2 利用论坛构件建立"紫日茶叶公司"论坛前台

（1）将 http://www.gdsspt.net/site "资源下载"中的"第 6 章素材"目录下的"网站论坛构件.rar"下载解压到目录 D:\test2\dvbbs 下，为本机配置虚拟目录 test2（参见 1.1 节），指向 D:\test2。

（2）在 IE 地址栏中输入 http://localhost/test2/dvbbs/index.asp，打开图 6-1 所示的网站论坛构件前台主页面。

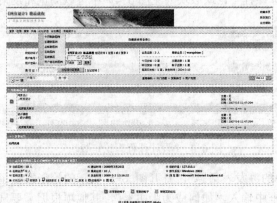

图 6-1　网站论坛构件前台主页面

（3）用 Fireworks 新建一个如图 6-2（a）所示的图片，画布大小为 180×80，字体"华文行楷"，字体大小 25，背景颜色与素材 logo02.gif 一致，图片保存在 D:\test2\dvbbs\myima\logo.jpg 下（覆盖原来图片）。

　　　　（a）　　　　　　　　　　　　　　　　　　　　（b）

图 6-2　前台主页面顶部图片

（4）用 Fireworks 打开素材 banner_index.jpg，图片大小改为 600×80，图片保存在 D:\test2\dvbbs\myima\ topbar.jpg 下（覆盖原来图片），效果如图 6-2（b）所示。

（5）点击图 6-1 左上角菜单"注册"，注册用户名"gdsspt"，密码"w123456"，其他信息可按需要填写。

（6）点击图 6-1 左上角菜单"登录"，输入用户名"gdsspt"，密码"w123456"登录论坛。

（7）论坛构件默认有两个版块（见图 6-3），点击"设计课程"，进入该论坛版块。

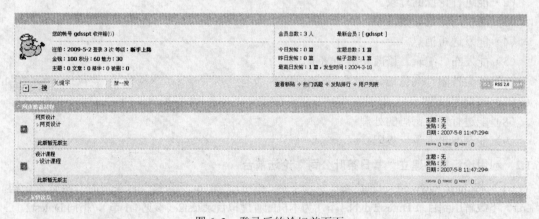

图 6-3　登录后的论坛首页面

（8）在进入的"设计课程"论坛版块（见图 6-4）中可以浏览和发帖子。

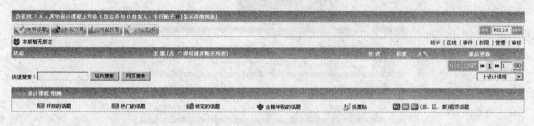

图 6-4　"设计课程"论坛版块

（9）点击图 6-4 中的"发表话题"，打开图 6-5 所示的论坛发帖子页面，在标题中输入"关于版主问题"，内容框中输入"如何成为版主？"，其他项根据需要选择，点击"发表"即可看到自己发的帖子。

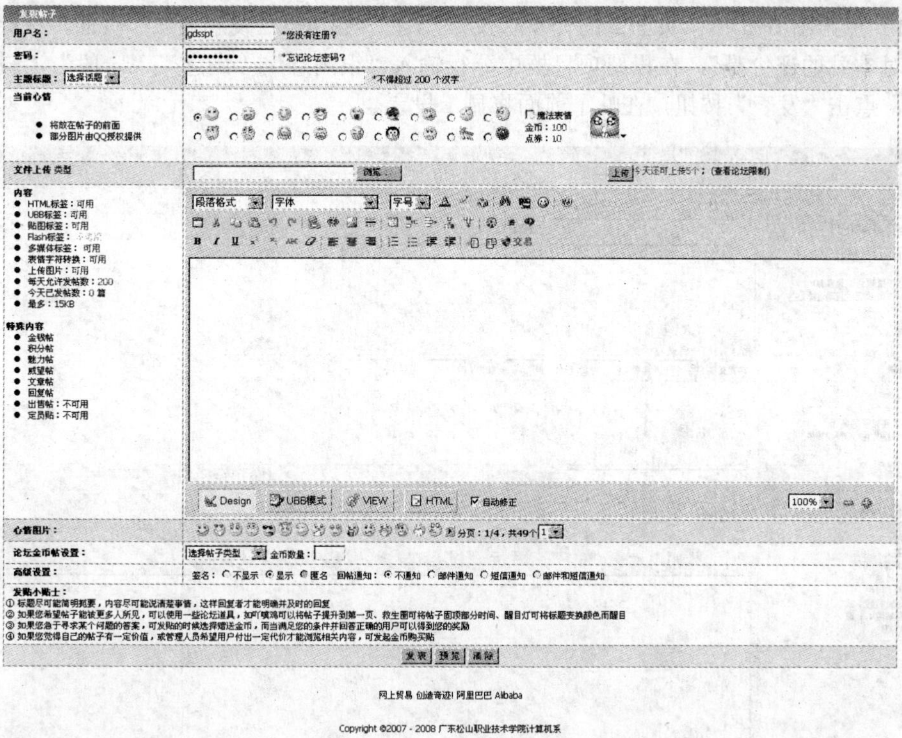

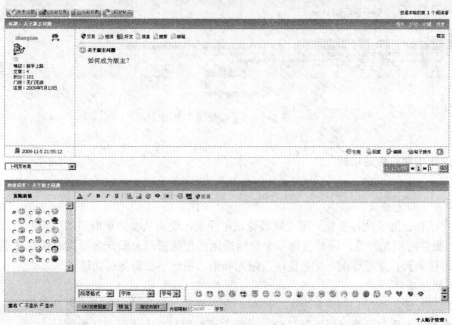

图 6-5 论坛发帖子页面

（10）在图 6-6 所示页面的下部可以对当前帖子进行快速回复。如果要进行详细回复，可点击图 6-6 所示页面上部的"回复帖子"，打开与图 6-5 相同的页面进行回复。

图 6-6 帖子显示页面

　　（11）点击图 6-6 所示页面上的"发起投票"，打开图 6-7"发起投票"页面，在标题中输入"您对本站的评价是"，在投票项目框中分行输入"很满意"、"满意"、"一般"、"较差"四个选项，点击"发表"按钮，在帖子前面将显示投票。

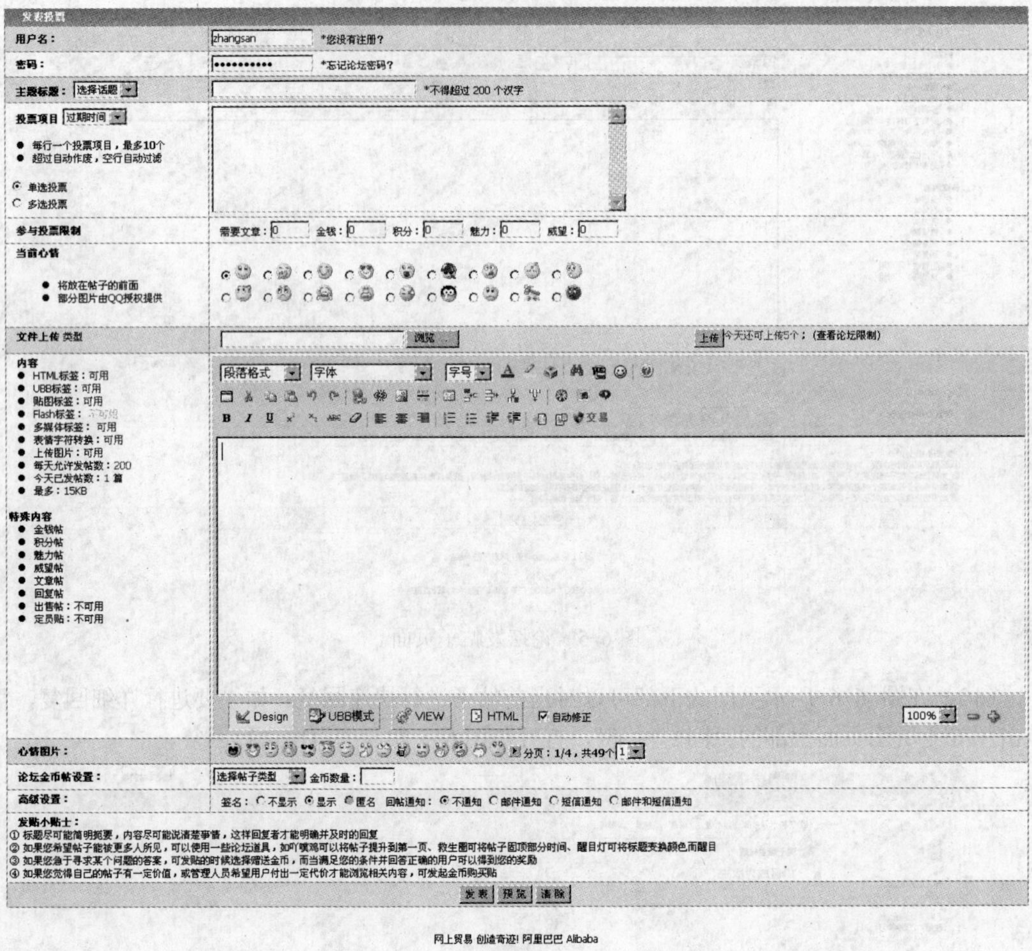

图 6-7　"发起投票"页面

6.1.3　论坛构件前台的功能

6.1.3.1　论坛常用功能

A　关于阳光会员

用户以自己的手机号在任一阳光联盟论坛中注册，便可从普通单网站的用户升级成拥有全网 VIP 服务的阳光会员，同时获得一个全网适用的超级密码。阳光会员具有快速注册、密码保护、短信聊天、主题订阅、VIP 论坛、阳光私语、精选手机服务等功能。

B　积分功能

用户进行论坛注册、登录、发帖、回帖、加入精华、删除帖子等操作可获得积分，版主可根据用户发帖表现自行增减以下默认值，总版主可对用户威力进行直接操作：

（1）金钱。注册操作获得金钱数 100，登录操作增加金钱 8，发帖操作增加金钱 15，跟帖操作增加金钱 12，加入精华操作增加金钱 25，删帖操作减少金钱 12。

（2）经验。注册经验数：60，登录增加经验：6，发帖增加经验：10，跟帖增加经验：5，精华增加经验：20，删帖减少经验：5。

（3）魅力。注册魅力数：30，登录增加魅力：3，发帖增加魅力：6，跟帖增加魅力：2，精华增加魅力：15，删帖减少魅力：2。

C 等级设置

表 6-1 所示为该论坛相应等级所需文章，以及相应的等级图片。

表 6-1 论坛等级设置

等 级 名 称	所需文章数量（篇）	等 级 标 志
新手上路	0	☆
论坛游民	100	☆☆
论坛游侠	200	☆☆
业余侠客	300	☆☆☆
职业侠客	400	☆☆☆
侠之大者	500	☆☆☆
黑侠	600	☆☆☆
蝙蝠侠	800	☆☆☆
蜘蛛侠	1000	☆☆☆
青蜂侠	1200	☆☆☆☆
小飞侠	1500	☆☆☆☆
火箭侠	1800	☆☆☆☆
蒙面侠	2100	☆☆☆☆☆
城市猎人	2500	☆☆☆☆☆
罗宾汉	3000	☆☆☆☆☆
阿诺	3500	☆☆☆☆☆☆
侠圣	4000	☆☆☆☆☆☆

D UBB 语法

论坛可以由管理员设置是否支持 UBB 标签。UBB 标签就是不允许使用 HTML 语法的情况下，通过论坛的特殊转换程序，可以支持少量常用的、无危害性的 HTML 效果显示。以下为具体使用说明：

[B]文字[/B]：在文字的位置可以任意加入需要的字符，显示为粗体效果。

[I]文字[/I]：在文字的位置可以任意加入需要的字符，显示为斜体效果。

[U]文字[/U]：在文字的位置可以任意加入需要的字符，显示为下划线效果。

[align=center]文字[/align]：在文字的位置可以任意加入需要的字符，center 表示居中，left 表示居左，right 表示居右。

[URL]HTTP://WWW.GDSSPT.NET[/URL] 或[URL=HTTP://WWW.GDSSPT.NET]松山学院[/URL]：可以加入超级连接，可以连接具体地址或者文字连接。

[EMAIL]aspmaster@cmmail.com[/EMAIL] 或 [EMAIL=MAILTO:aspmaster@cmmail.com]沙滩小子[/EMAIL]：设置邮件链接，可以连接具体地址或者文字连接。

[img]http://www.aspsky.net/images/asp.gif[/img]：在标签的中间插入图片地址可以实现插图效果。

[flash]http://www.gdsspt.net/ad/banner02.swf[/Flash]：在标签的中间插入 Flash 图片地址可以实现插入 Flash。

[quote]引用[/quote]：在标签的中间插入文字可以实现 HTML 中引用文字效果。

[fly]文字[/fly]：在标签的中间插入文字可以实现文字飞翔效果，类似跑马灯。

[move]文字[/move]：在标签的中间插入文字可以实现文字移动效果，为来回飘动。

[glow=255,red,2]文字[/glow]：在标签的中间插入文字可以实现文字发光特效，glow 内属性依次为宽度、颜色和边界大小。

[shadow=255,red,2]文字[/shadow]：在标签的中间插入文字可以实现文字阴影特效，shadow 内属性依次为宽度、颜色和边界大小。

[color=颜色代码]文字[/color]：输入颜色代码，在标签的中间插入文字可以实现文字颜色改变。如 color="#FF0000"文字[/color]。

[size=数字]文字[/size]：输入字体大小，在标签的中间插入文字可以实现文字大小改变。

[face=字体]隶书[/face]：输入需要的字体，在标签的中间插入文字可以实现文字字体转换。

[DIR=500,350]http://[/DIR]：为插入 shockwave 格式文件，中间的数字为宽度和长度。

[RM=500,350,1]http://[/RM]：为插入 realplayer 格式的 rm 文件，数字分别为宽度、长度、播放模式。

[MP=500,350,1]http://[/MP]：为插入 midiaplayer 格式的文件，数字分别为宽度、长度、播放模式。

[QT=500,350]http://[/QT]：为插入 Quick time 格式的文件，中间的数字为宽度和长度。

E　UBB 设置

设置用户签名如下：

（1）HTML 标签——不可用。

（2）UBB 标签——可用。

（3）贴图标签——可用。

（4）Flash 标签——不可用。

这里 HTML 标签指是否允许使用 HTML 语法，贴图和 Flash 以及表情字符转换都属于 UBB 语法内容，其使用方法可查看 UBB 语法。

6.1.3.2　论坛版主的设置

论坛的版主是自愿申请的，管理员可能会要求版主需要达到一定积分，或在论坛注册超过一定时间等。版主应该是诚实守信、乐于助人、大公无私的表率，同时还要熟悉版块的内容，经验丰富，有良好的口碑。如果用户确认已经达到上面几点，并希望担任本站的版主，可以与管理员联系。

6.1.3.3　论坛的使用方法

（1）论坛登录。如果尚未登录，点击图 6-1 左上角菜单栏中的"登录"，输入用户名和密码，确定即可。如果需要保持登录，请选择相应的 Cookie 时间，在此时间范围内可以不必输入密码而保持上次的登录状态。用户还可以选择是否隐身登陆，隐身的话别人将看不到你。

（2）安全退出论坛。如果已经登录，点击图 6-8 中菜单栏右边的"退出"，系统会清除 Cookie，退出登录状态。

（3）搜索帖子。点击图 6-8 菜单里的搜索，输入搜索的关键字并选择一个范围，就可以检索到有权限访问论坛中的相关的帖子。

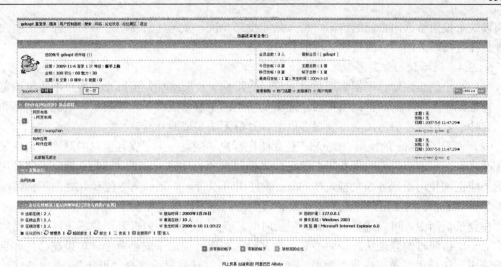

图 6-8　退出登录页面

（4）发送"短消息"。如果已登录，菜单上会显示出"用户控制面板"项，当鼠标放在该项上面会出现弹出菜单，在弹出菜单中点击"发信息"后弹出短消息窗口，像发送邮件一样地填写，注意收件人必须是对方在论坛的账号。点"发送"，消息就被发到对方收件箱中了。当对方访问论坛的主要页面时，系统都会提示对方收信息。

（5）查看全部会员。当管理员设置可用此项功能时，可以通过点击"用户列表"，查看所有的会员及其资料。

（6）发布帖子。在论坛的各个版块中，点击图 6-9 中的"发布话题"即可进入功能齐全的发帖界面。不过注意，一般论坛都设置为需要登录后才能发帖。

图 6-9　发帖页面

（7）回复帖子。在浏览帖子时，点击图 6-6 的"发表回复"按钮即可进入功能齐全的回复界面。当然也可以使用浏览帖子时下面的"快速回复"按钮发表回复（如果此选项打开）。注意，一般论坛都设置为需要登录后才能回复。

（8）编辑或删除帖子。浏览帖子时可以点击图 6-6 下面的"编辑"，对于自己发表的帖子，可以很容易的编辑。如果是版主，可以编辑或删除他人的帖子，但当这帖是整个主题的主帖时，则会删除该主题和全部回复。如果管理员通过论坛设置将这个功能屏蔽掉则不再可以进行此操作。

（9）上传附件。可以在任何支持上传附件的版块中，通过发新帖或者回复的方式上传附件（只要权限足够）。附件不能超过系统限定尺寸，且在可用类型的范围内才能上传。

（10）发起投票。可以像发帖一样在版块中发起投票。每行输入一个可能的选项，可以通过阅读这个投票帖选出自己的答案,每人只能投票一次,发起之后将不能再对选择做出更改。管理员拥有随时关闭和修改投票选项的权力。

6.1.3.4　论坛使用注意事项

(1)关于论坛注册。根据管理员设置论坛的用户组权限选项,可以设置用户不注册浏览帖子,也可设置用户注册成正式用户后才能浏览帖子。在通常情况下,正式用户才能发新帖和回复已有帖子。用户注册后,会得到很多以游客身份无法实现的功能。

(2)关于 Cookie 的使用。Cookie 是存储在客户端硬盘上用于保存信息的对象,论坛采用 Session+Cookie 的双重方式保存用户信息,以确保在各种环境,包括 Cookie 完全无法使用的情况下能正常使用论坛各项功能。Cookies 的使用可以带来一系列的方便和好处,正常情况下不要禁止 Cookie 的应用,论坛的安全设计将全力保证用户的资料安全。

在登录页面中,可以选择 Cookie 记录时间,在该时间范围内打开浏览器访问论坛将始终保持上一次访问时的登录状态,而不必每次都输入密码。但出于安全考虑,如果在公共计算机访问论坛,选择"浏览器进程"(默认),或在离开公共计算机前选择"退出"(退出论坛)以杜绝资料被非法使用的可能。

(3)关于用户签名。签名是加在发表的帖子下面的小段文字,注册之后,就可以设置自己的个性签名了。设置的方法是:点击图 6-9 左上角菜单"用户控制面板",再在出现的页面中点击"资料修改",在签名框中输入签名文字,并确定不要超过管理员设置的相关限制(如字数、贴图等),这样系统会自动选中登录后发帖页面的显示签名选项,签名将在帖子中显示。

(4)关于论坛密码遗忘的处理。提供发送取回密码链接到 E-mail 的服务,点击图 6-1 所示页面中的"忘记密码"链接,按提示填写相关信息后可以把取回密码的方法发送到注册时填写的 E-mail 信箱中。如果 E-mail 已失效或无法收到信件,需要与论坛管理员联系。

(5)关于"短消息"。"短消息"是论坛注册用户间交流的工具,信息只有发件和收件人可以看到,收到信息后系统会出现铃声和相应提示。通过短消息功能可以与同一论坛上的其他用户保持私人联系。图 6-9 的"用户控制面板"中提供了短消息的收发服务。

(6)关于论坛权限。本站是按照系统头衔和用户积分区分的,积分可以由发帖量、其他用户的评分或两者综合来决定。当积分达到一定等级要求时,系统会自动开通新的权限,并给予相应标志。因此,拥有较高的积分数,不仅代表该用户在本论坛的资历与活跃程度,同时也意味着该用户能够拥有比其他用户更多的高级权限。

6.1.4　论坛构件前台使用技能拓展

(1)在论坛中发表帖子,标题为"跑马灯效果",在内容中利用 UBB 语法实现图片的跑马灯效果。图片是素材中的 01.jpg、02.jpg、03.jpg、04.jpg(从 http://www.gdsspt.net/site 中"资源下载"下载的"第 6 章素材"中获得)。

(2)进入用户控制面板,在签名框中输入签名文字"雄鹰飞翔",发表帖子,查看签名在帖子中是否自动被显示。

6.2　论坛构件后台

6.2.1　学习目标

6.2.1.1　知识目标

(1)了解论坛后台的常规管理知识。

(2)了解论坛版面的管理知识。

（3）了解论坛用户权限的设置知识。

（4）了解论坛帖子的管理知识。

（5）了解论坛数据处理知识。

（6）了解论坛道具的知识。

6.2.1.2 技能目标

（1）能对论坛进行基本设置，能进行广告管理、帮助管理、短信管理、公告管理、门派管理、交易管理。

（2）能浏览分析论坛日志，能进行积分设置和首页调用。

（3）能进行论坛版面的添加、修改、删除、合并等操作。

（4）能进行分版面用户权限设置。

（5）能进行版面的外观设置。

（6）能进行帖子的批量删除与移动，能进行帖子的分表管理。

（7）能进行脏话过滤设置、注册字符过滤设置、IP 限定设置等。

（8）能进行数据库数据的压缩、备份、恢复以及系统信息监测等。

（9）能对上传头像、上传文件、注册头像、发帖心情、发帖表情进行管理。

（10）能对道具进行基本设置，如道具资料设置、用户道具管理、交易信息管理、道具中心日志、魔法表情设置等。

6.2.2 论坛构件后台的使用

（1）按 6.1.2 节方法设置好虚拟目录，在 IE 地址栏中输入地址 http://localhost/test2/dvbbs/my-Admin/index.asp，输入用户名 admin，密码 admin，并按要求输入验证码，打开图 6-10 所示的网站论坛构件主页面。

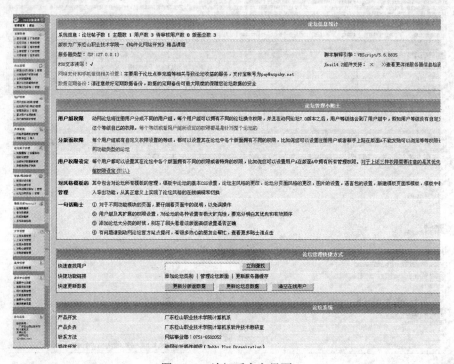

图 6-10 论坛后台主界面

（2）在图 6-10 的 CSS 样式中选择"青青河草"，点击主页面下面的"提交"按钮，打开前台页面（http://localhost/test2/dvbbs/index.asp），观察页面的变化。

（3）在主页面"论坛基本信息[顶部]"栏中（见图 6-11），论坛名称为"紫日茶叶公司网站论坛"，论坛的访问地址为"/index.asp"，论坛的创建日期为"2009-3-26"，网站主页名称为"紫日茶叶公司网站"，站点关键字为"紫日茶叶公司|广东松山职业技术学院"，站点描述为"紫日茶叶公司"，论坛版权信息为"Copyright ©2008 - 2009　紫日茶叶公司"，其他保持默认。

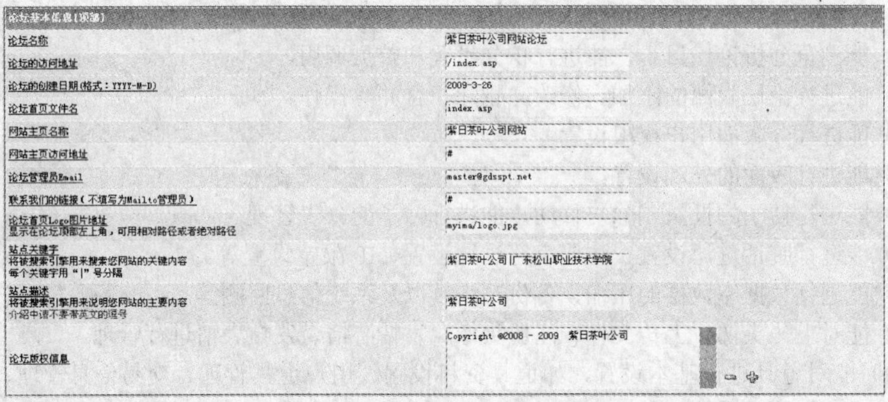

图 6-11　"论坛基本信息[顶部]"栏

（4）点击图 6-10 左边的"论坛管理"的"版面（分类）添加|管理"中的"管理"，打开图 6-12 所示的论坛管理页面，点击"网页设计"版块的"基本设置"，在出现的图 6-13 所示的界面中将"网页设计"版块信息修改为"企业文化"，同样将"设计课程"改为"说茶论茶"。

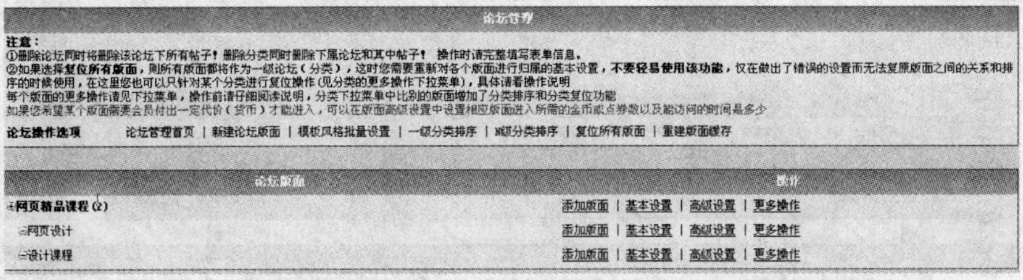

图 6-12　论坛管理

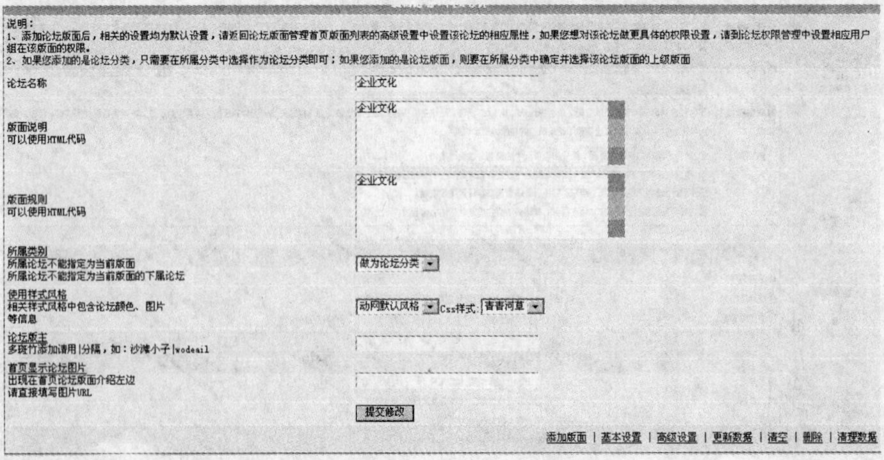

图 6-13　版块管理基本设置

6.2.3 论坛构件后台的功能

6.2.3.1 常规管理

A 基本设置

（1）安全设置。

1）后台管理目录的设定：缺省目录为 admin。为安全起见，不让其他人知道目录，请修改。注意：目录名称后面要有"/"，如"admin/"。

2）是否禁止代理服务器访问：禁止代理服务器访问能避免恶意的 CC 攻击，但开放后影响站点排名，建议在受到明显的攻击的时候开启。

3）限制同一 IP 连接数：限制同一 IP 连接数，可以减少恶意的 CC 攻击的影响，但会造成用户访问不便，建议设置为 0，关闭此功能，在受到攻击的时候才开放。

（2）论坛基本信息。基本信息包括：论坛名称、论坛的访问地址、论坛的创建日期（格式：YYYY-M-D）、论坛首页文件名、网站主页名称、网站主页访问地址、论坛管理员 E-mail、联系我们的链接（不填写为 Mailto 管理员）、论坛首页 Logo 图片地址（显示在论坛顶部左上角，可用相对路径或者绝对路径）、站点关键字（将被搜索引擎用来搜索网站的关键内容，每个关键字用"|"号分隔）、站点描述（将被搜索引擎用来说明网站的主要内容，介绍中请不要带英文的逗号）、论坛版权信息。

（3）论坛系统数据设置。论坛系统数据包括论坛会员总数、论坛主题总数、论坛帖子总数、论坛最高日发帖、论坛最高日发帖发生时间（格式：YYYY-M-D H:M:S）、历史最高同时在线记录人数、历史最高同时在线记录发生时间（格式：YYYY-M-D H:M:S）。以上这些信息不建议用户修改。

（4）悄悄话选项。该选项可设置新短消息弹出窗口、发论坛短消息是否采用验证码（采用验证码可以防止恶意短消息）。

（5）论坛首页选项。该选项可设置首页显示论坛深度与是否显示过生日会员。

（6）用户与注册选项。该选项可设置是否允许新用户注册（关闭后论坛将不能注册）、注册是否采用验证码（开启此项可以防止恶意注册）、登录是否采用验证码（开启此项可以防止恶意登录猜解密码）、会员取回密码是否采用验证码（开启此项可以防止恶意登录猜解密码）、会员取回密码次数限制（0 则表示无限制，若取回问答错误超过限制，则停止至 24 小时后才能再次使用取回密码功能）、最短用户名长度（填写数字，不能小于 1 大于 50）、最长用户名长度（填写数字，不能小于 1 大于 50）、同一 IP 注册间隔时间（如不想限制可填写 0 秒）、E-mail 通知密码（确认您的站点支持发送 E-mail，所包含密码为系统随机生成，一个 E-mail 只能注册一个账号）、注册需要管理员认证、发送注册信息邮件（请确认打开了邮件功能）、开启短信欢迎新注册用户。

（7）系统设置。该选项可设置论坛所在时区、服务器时差、脚本超时时间（默认为 300，一般不做更改）、是否显示页面执行时间、禁止的邮件地址（指定的邮件地址将被禁止注册，每个邮件地址用"|"符号分隔。本功能支持模糊搜索，如设置了 eway 禁止，将禁止 eway@aspsky.net 或者 eway@dvbbs.net 类似这样的注册）、论坛脚本过滤扩展设置（此设置为开启 HTML 解释的时候对脚本代码的识别设置，可以根据需要添加自定的过滤，格式是：过滤字|，如：abc|efg| 这样就添加了 abc 和 efg 的过滤，没有添加可以填 0,如果添加了最后一个字符必须是"|"）。

（8）在线和用户来源。该选项设置在线显示用户 IP（关闭后如果所属用户组、论坛权限、用户权限中设置了用户可浏览则可见）、在线显示用户来源（关闭后如果所属用户组、论坛权限、用户权限中设置了用户可浏览则可见,开启本功能较消耗资源)、在线资料列表显示用户当前位置、在线资料列表显示用户登录和活动时间、在线资料列表显示用户浏览器和操作系统、在线名单显示客人在线（为节省资源建议关闭）、在线名单显示用户在线（为节省资源建议关闭）、删除不活动用户时间（可设置删除多少分钟内不活动用户，单位为分钟，请输入数字）、总论坛允许同时在线数（如不想限制，可设置为 0）、展开用户在线列表每页显示用户数。

（9）邮件选项。该选项可设置发送邮件组件（如果服务器不支持下列组件，请选择不支持）、SMTP Server 地址（只有在论坛使用设置中打开了发送邮件功能，该填写内容才有效）、邮件登录用户名（只有在论坛使用设置中打开了发送邮件功能，该填写内容才有效）、邮件登录密码。

（10）上传设置。该选项可设置头像上传、允许的最大头像文件大小、选取上传组件、选取生成预览图片组件、生成预览图片大小设置（宽度和高度）、生成预览图片大小规则选项、图片水印设置开关、上传图片添加水印文字信息（可为空或 0）、上传添加水印字体大小、上传添加水印字体颜色、上传添加水印字体名称、上传水印字体是否粗体、上传图片添加水印 Logo 图片信息（可为空或 0，填写 Logo 的图片相对路径）、上传图片添加水印透明度（如 60%请填写 0.6）、水印图片去除底色（保留为空则水印图片不去除底色）、水印文字或图片的长宽区域定义（如水印图片的宽度和高度）、上传图片添加水印 Logo 位置坐标、是否采用文件、图片防盗链、上传目录设定（如果修改了此项，请用 FTP 手工创建目录和移动原有上传文件）。

（11）用户选项。该选项可设置允许个人签名、允许用户使用头像、最大头像尺寸（定义内容为头像的最大高度和宽度）、默认头像宽度（定义内容为论坛头像的默认宽度）、默认头像高度（定义内容为论坛头像的默认宽度）、使用自定义头像的最少发帖数、允许从其他站点链接头像（就是是否可以直接使用 http 这样的 url 来直接显示头像）、用户签名是否开启 UBB 代码、用户签名是否开启 HTML 代码、用户是否开启贴图标签、用户是否开启 Flash 标签、用户头衔（是否允许用户自定义头衔）、用户头衔最大长度、自定义头衔最少发帖数量限制（不做限制请设置为 0）、自定义头衔注册天数限制（不做限制请设置为 0）、自定义头衔上面两个条件加在一起限制、自定义头衔中要屏蔽的词语（每个限制字符用"|"符号隔开）、帖子显示页面是否显示支付宝和该用户交易图标。

（12）防刷新机制。该选项包括防刷新机制（如选择打开请填写下面的限制刷新时间，该项对版主和管理员无效）、浏览刷新时间间隔（填写该项目请确认打开了防刷新机制，该项仅对帖子列表和显示帖子页面起作用）、防刷新功能有效的页面（请确认打开了防刷新功能，指定的页面将有防刷新作用，用户在限定的时间内不能重复打开该页面，具有一定减少资源消耗的作用，每个页面名请用"|"符号隔开）。

（13）搜索选项。该选项可设置每次搜索时间间隔、搜索字串最小和最大长度（最小和最大字符请用符号"|"分隔，单位为字节，最小字符不宜设置过小，最大字符不宜设置过大，建议用默认值）、搜索可以不受字串长度限制的词（每个字符请用符号"|"分隔）、搜索返回最多的结果数（建议不要设置过大）、搜索热门帖子条件中对应的搜索天数和浏览次数标准（搜索天数和浏览次数请用符号"|"分隔，单位为数字，搜索天数不宜设置过大，建议用默认值）、是否开启全文搜索（ACCESS 数据库不建议开启，SQL 数据库做了全文索引可以开启）、用户列表允许用户名搜索、用户列表允许列出管理团队、用户列表允许列出所有用户、用户列表允许列出 TOP 排行用户、用户列表 TOP 个数。

（14）论坛分页设置。该选项可设置每页显示最多记录（用于论坛所有和分页有关的项目，但帖子列表和浏览帖子除外）。

（15）帖子选项。该选项可设置作为热门话题的最低人气值（标准为主题回复数）、编辑过的帖子显示"由 xxx 于 yyy 编辑"的信息、管理员编辑后显示"由 XXX 编辑"的信息、等待"由 XXX 编辑"信息显示的时间（允许用户编辑自己的帖子而不在帖子底部显示"由 XXX 编辑"信息的时限，以分钟为单位）、编辑帖子时限（编辑处理帖子的时间限制，以分钟为单位，1 天是 1440 分钟，超过这个时间限制，只有管理员和版主才能编辑和删除帖子。如果不想使用这项功能，请设置为 0）。

（16）门派设置。该选项可设置是否开启论坛门派。

（17）VIP 用户组功能开启设置。该选项可设置是否 VIP 用户组功能（若开启 VIP 用户组功能，请确认论坛用户组等级管理里是否添加了 VIP 用户组）。

（18）动网官方插件选项。该选项可设置道具功能总开关、道具中心买卖交易、道具中心采用独立数据库（若设为独立，请自行修改 CONN.ASP 文件，设置独立数据库路径）、魔法表情（头像）总开关（该功能数据库采用道具中心数据库，功能可独立于道具中心之外开关）、是否启用博客功能（开启后请打开 boke/config.asp 文件做好相关设置）、是否启用虚拟形象（暂未开通）、论坛金币汇率设置、金钱与金币汇率、经验与金币汇率、魅力与金币汇率、点券与金币汇率、其他设置、版主每日可奖励金币个数。

B 广告管理

论坛默认广告设置包含所有除包含具体版面内容（如帖子列表、帖子显示、版面精华、版面发帖等）以外的页面。

版面广告保存选项，可按 Ctrl 键多选。

广告管理可设置首页顶部广告代码（如果开启了互动广告功能中的顶部广告，此处设置为无效）、首页尾部广告代码、开启首页浮动广告、论坛首页浮动广告图片地址、论坛首页浮动广告连接地址、论坛首页浮动广告图片宽度、论坛首页浮动广告图片高度、开启首页右下固定广告、论坛首页右下固定广告图片地址、论坛首页右下固定广告连接地址、论坛首页右下固定广告图片宽度、论坛首页右下固定广告图片高度、是否开启帖间随机广告、论坛帖间随机广告代码（支持 HTML 语法，每条随机广告一行，用回车分开）、是否开启页面文字广告位、页面文字广告位设置（版面，请确认已打开了页面文字广告位功能）、文字广告每行广告个数、页面文字广告位内容（支持 HTML 语法，每条广告一行，用回车分开）。

C 论坛日志

在论坛日志中可以查看论坛使用情况，以便处理论坛的异常。

D 帮助管理

在帮助管理中可以设置前台页面的帮助信息，方便用户的使用。

E 积分设置

在积分设置中可以对用户金钱、用户经验、用户魅力进行设定，默认模板中的积分设置为论坛所有页面（不包括具体的论坛版面）使用，如登录和注册的相关分值；具体的论坛版面可以有不同的积分设置，如发帖、删帖等，当然也可以设定所有版面的积分设置都是一样的。

F 短信管理

短信管理包括论坛短信管理和论坛短信广播。

（1）论坛短信管理：包括批量删除某用户短消息（主要用于删除系统批量信息：动网小精灵）、批量删除用户指定日期内短消息（默认为删除已读信息）、批量删除含有某关键字短信

（注意：本操作将删除所有已读和未读信息）。

（2）论坛短信广播：可以向指定类型的用户（如所有在线用户、所有贵宾、所有版主等）发送短信广播。

G　门派管理

在门派管理中可以添加、删除、修改论坛门派。

H　交易管理

对论坛中的交易进行管理，建议开启网络支付或手机短信通道用于用户购买用户点券。论坛中的交易帖、VIP 用户、道具中心等交易的货币为论坛金币或点券。金币可通过道具中心赠与用户或论坛版主奖励，点券可通过网络支付或手机短信通道购买。关于查询网络支付或手机短信购买点券的详细情况，由于论坛存在数据破坏等未知因素，此处数据仅供参考，请管理员参考官方相应文档做好论坛安全工作。

I　首页调用

如果自己设论坛的首页，需要调用论坛的相关代码。点击"首页调用"打开图 6-14 所示页面，该页面显示了各类别的调用列表。点击各类别右边的"编辑"按钮，可以对相应的代码进行编辑修改；点击"预览"按钮，可以看到相应类别代码调用后显示的实际效果。

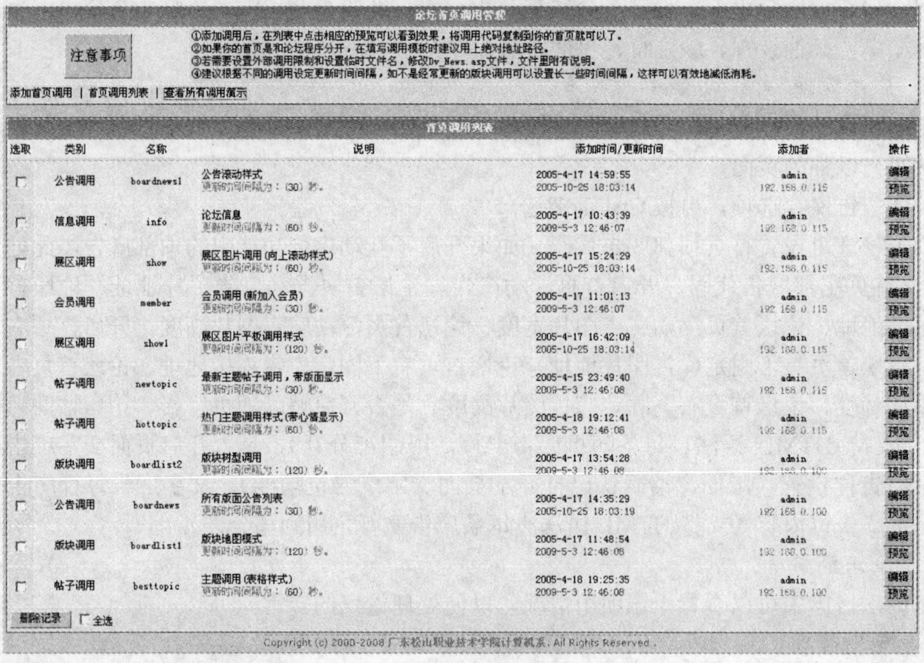

图 6-14　首页调用

6.2.3.2　论坛管理

A　版面管理

点击论坛管理下面的"版面（分类）添加"，打开图 6-15 所示的页面，可以给论坛添加版面。

点击论坛管理下面的"管理"，可以修改或删除论坛版面。值得注意的是：

（1）删除论坛同时删除该论坛下所有帖子！删除分类同时删除下属论坛和其中帖子！ 操作时请完整填写表单信息。

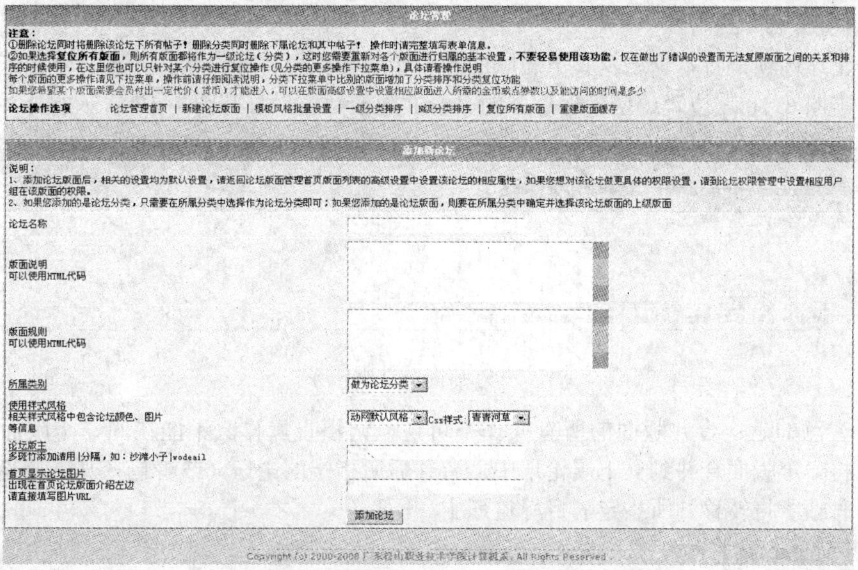

图 6-15 版面（分类）添加

（2）如果选择复位所有版面，则所有版面都将作为一级论坛（分类），这时需要重新对各个版面进行归属的基本设置。不要轻易使用该功能，仅在做出了错误的设置而无法复原版面之间的关系和排序的时候使用。在这里也可以只针对某个分类进行复位操作（见分类的更多操作下拉菜单），具体请看操作说明。

（3）每个版面的更多操作请见下拉菜单，操作前请仔细阅读说明，分类下拉菜单中比别的版面增加了分类排序和分类复位功能。

（4）如果希望某个版面需要会员付出一定代价（货币）才能进入，可以在版面高级设置中设置相应版面进入所需的金币或点券数以及能访问的时间是多少。

B 分版面用户权限设置

点击图 6-10 左边"论坛管理"下的"分版面用户权限设置"打开图 6-16 所示的分版面用户权限设置。在这里可以设置不同用户组在不同论坛内的权限。红色表示为该论坛该用户组使用的是用户定义属性，该权限不能继承。例如，设置了一个包含下级论坛的版面，那么只对设置的版面生效而不对其下属论坛生效，如果想设置生效，必须在设置页面选择自定义设置。选择了自定义设置后，这里设置的权限将优先于用户组设置，如用户组默认不能管理帖子，而这里设置了该用户组可管理帖子，那么该用户组在这个版面就可以管理帖子。

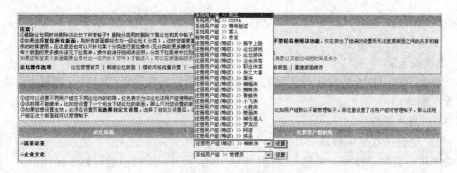

图 6-16 分版面用户权限设置

C　合并版面

合并论坛选项是将本论坛及其下属版面的帖子都转移至目标论坛，并删除本论坛及其下属版面。点击图 6-10 左边"论坛管理"下的"合并版面数据"打开图 6-17 所示的合并版面。

图 6-17　合并版面

值得注意的是：合并版面的所有操作不可逆，请慎重操作。不能在同一个版面内进行操作，不能将一个版面合并到其下属论坛中。合并后所指定的论坛（或者包括其下属论坛）将被删除，所有帖子将转移到所指定的目标论坛中。

D　重计论坛数据和修复

当由于意外原因使论坛出现问题时，可以重计论坛数据和修复。点击图 6-10 左边"论坛管理"下的"重计论坛数据和修复"，打开图 6-18 所示页面。

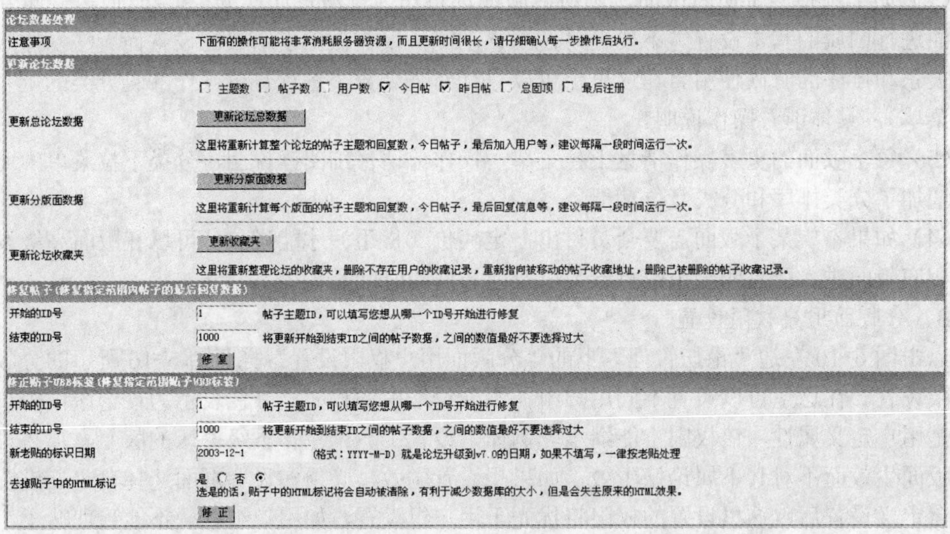

图 6-18　重计论坛数据和修复

需要注意的是，重计论坛数据和修复的操作可能将非常消耗服务器资源，而且更新时间很长，请仔细确认每一步操作后执行。

E　友情论坛管理

可以以文字或图片的形式在前台页面中显示友情论坛，在这里可以对这些友情论坛进行添加、修改或删除。

6.2.3.3　用户管理

A　用户资料（权限）管理

点击"用户资料（权限）管理"，打开图 6-19 所示页面。可以进行如下操作：

（1）点击删除按钮删除所选定的用户，此操作是不可逆的。

（2）可以批量移动用户到相应的组。

（3）点击用户名进行相应的资料操作。

（4）点击用户最后登录 IP 可进行锁定 IP 操作。

（5）点击用户 E-mail 给该用户发送 E-mail。

（6）点击修复帖子可以修复该用户所发的帖子数据并更新其文章数，此操作用于误删 ID 用户帖的修复。

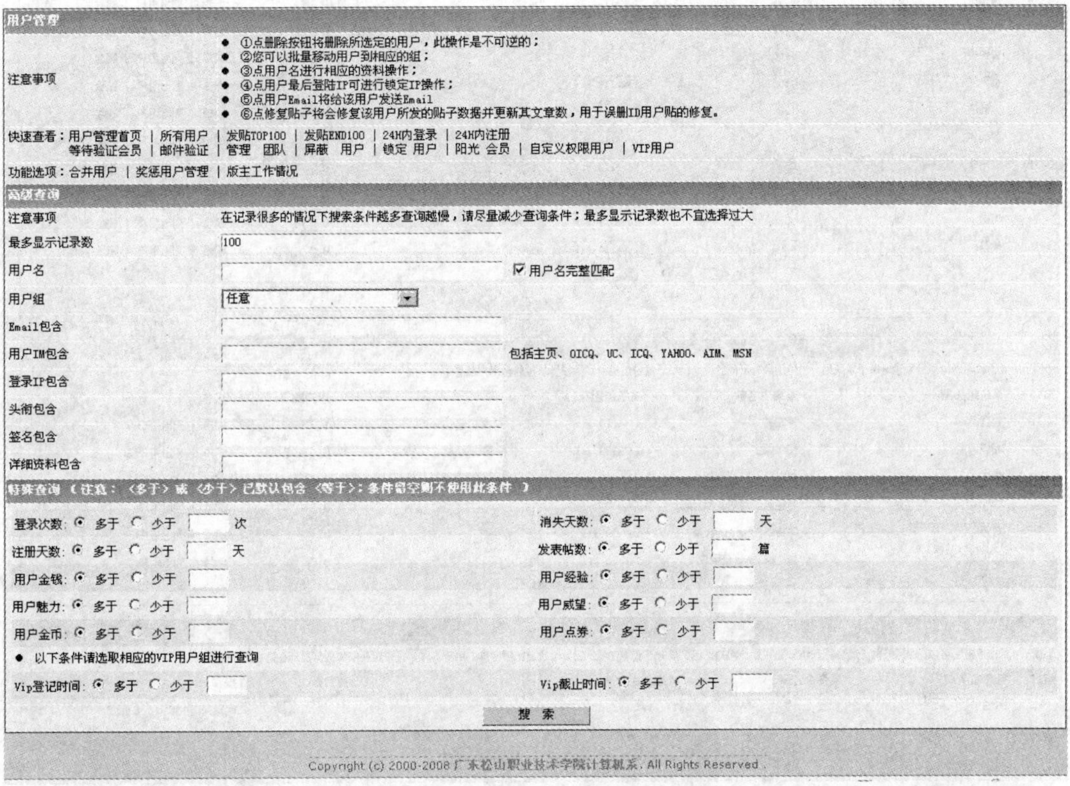

图 6-19　用户资料（权限）管理

B　论坛用户组（等级）管理

点击"论坛用户组（等级）管理"，打开图 6-20 所示页面。论坛构件用户组分为系统用户组、特殊用户组、注册用户组、多属性用户组四种类型。系统用户组为内置固定用户组，不能添加，供论坛管理用，不能随意更改，如删除则会引起论坛运行异常；特殊用户组不随用户等级升降而变更，通常建立来分配给一些对论坛有特殊贡献或操作的人员；多属性用户组不随用户等级升降而变更，该组用户可设置享有多个不同用户组的权限，通常建立来分配给一些对论坛有特殊贡献或操作的人员；注册用户组即为传统的用户等级，每个组（等级）可设定不同的权限。

默认权限为添加新的用户组时使用其中一些定义好的权限设置，通常新添加用户组后都要再次定义其权限。

C　管理员添加｜管理

管理员管理可以添加、修改或删除管理员。

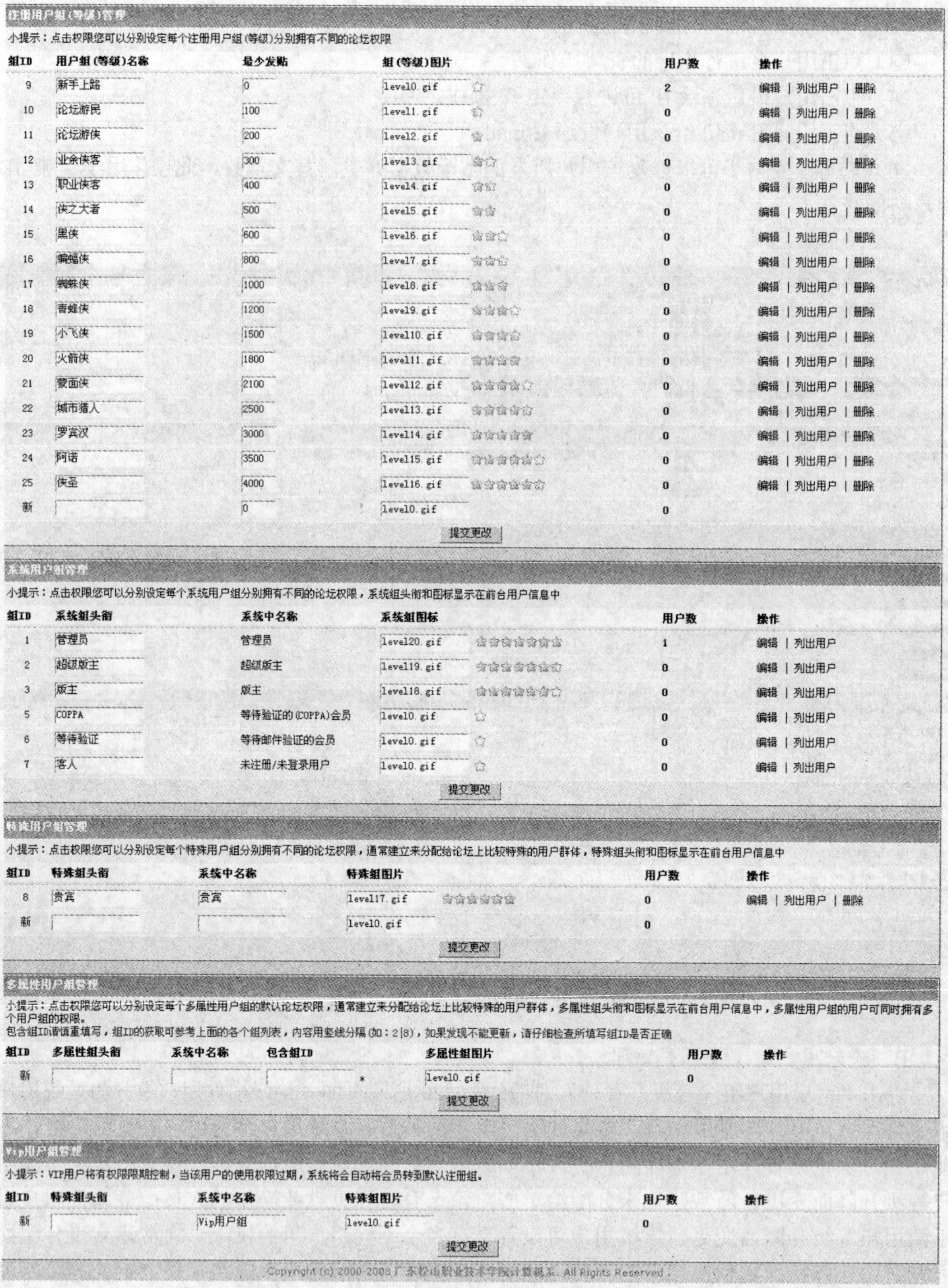

注册用户组 (等级) 管理

小提示：点击权限您可以分别设定每个注册用户组 (等级) 分别拥有不同的论坛权限

组ID	用户组 (等级) 名称	最少发贴	组 (等级) 图片		用户数	操作
9	新手上路	0	level0.gif	☆	2	编辑 | 列出用户 | 删除
10	论坛游民	100	level1.gif	☆	0	编辑 | 列出用户 | 删除
11	论坛游侠	200	level2.gif	☆	0	编辑 | 列出用户 | 删除
12	业余侠客	300	level3.gif	☆☆	0	编辑 | 列出用户 | 删除
13	职业侠客	400	level4.gif	☆☆	0	编辑 | 列出用户 | 删除
14	侠之大者	500	level5.gif	☆☆	0	编辑 | 列出用户 | 删除
15	黑侠	600	level6.gif	☆☆☆	0	编辑 | 列出用户 | 删除
16	蝙蝠侠	800	level7.gif	☆☆☆	0	编辑 | 列出用户 | 删除
17	蜘蛛侠	1000	level8.gif	☆☆☆	0	编辑 | 列出用户 | 删除
18	青蜂侠	1200	level9.gif	☆☆☆☆	0	编辑 | 列出用户 | 删除
19	小飞侠	1500	level10.gif	☆☆☆☆	0	编辑 | 列出用户 | 删除
20	火箭侠	1800	level11.gif	☆☆☆☆	0	编辑 | 列出用户 | 删除
21	蒙面侠	2100	level12.gif	☆☆☆☆☆	0	编辑 | 列出用户 | 删除
22	城市猎人	2500	level13.gif	☆☆☆☆☆	0	编辑 | 列出用户 | 删除
23	罗宾汉	3000	level14.gif	☆☆☆☆☆	0	编辑 | 列出用户 | 删除
24	阿诺	3500	level15.gif	☆☆☆☆☆☆	0	编辑 | 列出用户 | 删除
25	侠圣	4000	level16.gif	☆☆☆☆☆☆	0	编辑 | 列出用户 | 删除
新		0	level0.gif			

提交更改

系统用户组管理

小提示：点击权限您可以分别设定每个系统用户组分别拥有不同的论坛权限，系统组头衔和图标显示在前台用户信息中

组ID	系统组头衔	系统中名称	系统组图标		用户数	操作
1	管理员	管理员	level20.gif	☆☆☆☆☆☆	1	编辑 | 列出用户
2	超级版主	超级版主	level19.gif	☆☆☆☆☆☆	0	编辑 | 列出用户
3	版主	版主	level18.gif	☆☆☆☆☆☆	0	编辑 | 列出用户
5	COPPA	等待验证的 (COPPA) 会员	level0.gif	☆	0	编辑 | 列出用户
6	等待验证	等待邮件验证的会员	level0.gif	☆	0	编辑 | 列出用户
7	客人	未注册/未登录用户	level0.gif	☆	0	编辑 | 列出用户

提交更改

特殊用户组管理

小提示：点击权限您可以分别设定每个特殊用户组分别拥有不同的论坛权限，通常建立来分配给论坛上比较特殊的用户群体，特殊组头衔和图标显示在前台用户信息中

组ID	特殊组头衔	系统中名称	特殊组图片		用户数	操作
8	贵宾	贵宾	level17.gif	☆☆☆☆☆	0	编辑 | 列出用户 | 删除
新			level0.gif		0	

提交更改

多属性用户组管理

小提示：点击权限您可以分别设定每个多属性用户组的默认论坛权限，通常建立来分配给论坛上比较特殊的用户群体，多属性组头衔和图标显示在前台用户信息中，多属性用户组的用户可同时拥有多个用户组的权限。
包含组ID请慎重填写，组ID的获取可参考上面的各个组列表，内容用整线分隔(如：2|8)，如果发现不能更新，请仔细检查所填写组ID是否正确

组ID	多属性组头衔	系统中名称	包含组ID	多属性组图片	用户数	操作
新			*	level0.gif	0	

提交更改

Vip用户组管理

小提示：VIP用户将有权限期限控制，当该用户的使用权限过期，系统将会自动将会员转到默认注册组。

组ID	特殊组头衔	系统中名称	特殊组图片	用户数	操作
新		Vip用户组	level0.gif	0	

提交更改

图 6-20　论坛用户组（等级）管理

　　D　重计用户各项数据

　　当由于意外原因使论坛出现问题时，可以重计用户各项数据。点击图 6-10 左边"用户管理"下的"重计用户各项数据"，打开图 6-21 所示页面。

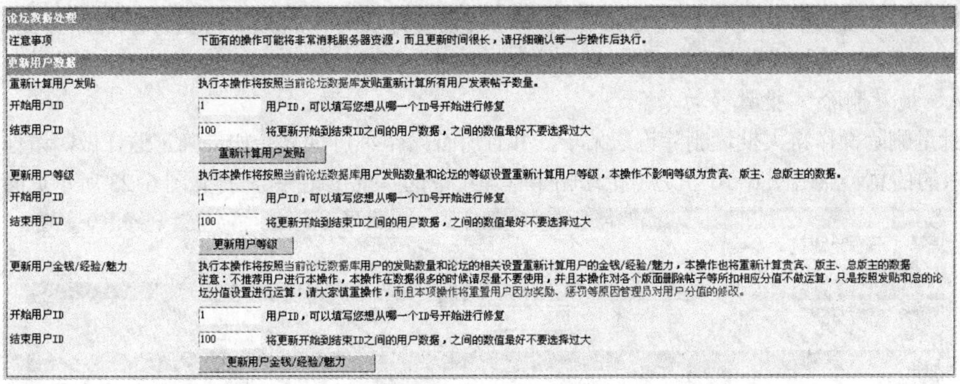

图 6-21　重计用户各项数据

需要注意的是，有的操作可能将非常消耗服务器资源，而且更新时间很长，请仔细确认每一步操作后执行。

E　用户邮件群发管理

可以对用户使用邮件群发，点击图 6-10 左边"用户管理"下的"用户邮件群发管理"，打开图 6-22 所示页面。

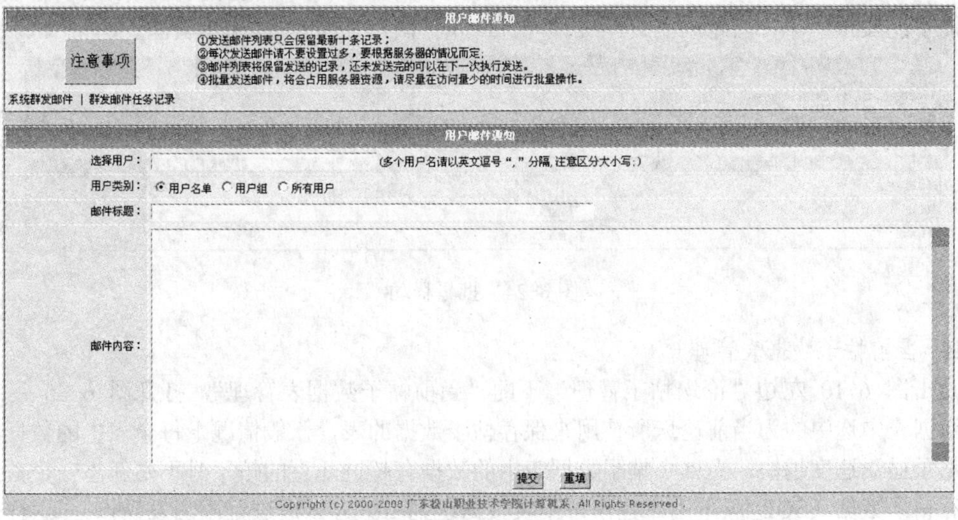

图 6-22　用户邮件群发管理

值得注意的是，发送邮件列表只会保留最新十条记录，每次发送邮件请不要设置过多，要根据服务器的情况而定。邮件列表将保留发送的记录，还未发送完的可以在下一次执行发送。批量发送邮件，将会占用服务器资源，请尽量在访问量少的时间进行批量操作。

6.2.3.4　外观设置

A　风格界面模板总管理

在这里，可以新建和修改模板，可以编辑论坛语言包和风格，可以新建模板页面，操作时请按照相关页面提示完整填写表单信息。使用时注意，论坛当前正在使用的默认模板不能删除，如果修改分模板页面名称或删除分模板页面请在关闭论坛之后操作，否则可能会影响论坛访问。

B　模板导出 | 导入

模板导出执行的是模板和 CSS 的导出，把需要导出的勾上,设置好保存的数据库名称，然后提交。

模板导入要执行的是模板和 CSS 的导入，请设置好要导入的源数据库名称,然后提交。

6.2.3.5　论坛帖子管理

A　批量删除 | 批量移动

批量删除操作将大批量删除论坛帖子，并且所有操作不可恢复！如果确定这样做，请仔细检查输入的信息。点击图 6-10 左边"论坛帖子管理"下的"批量删除"，打开图 6-23 所示页面。

图 6-23　批量删除

批量移动只是移动帖子，而不是拷贝或者删除！批量移动操作将删除原论坛帖子，并移动到指定的论坛中。如果确定这样做，请仔细检查输入的信息。可以将一个论坛下属论坛的帖子移动到上级论坛，也可以将上级论坛的帖子移动到下级论坛，但作为分类的论坛由于论坛设置很可能不能发布帖子（只能浏览）。点击"批量移动"，打开图 6-24 所示页面。

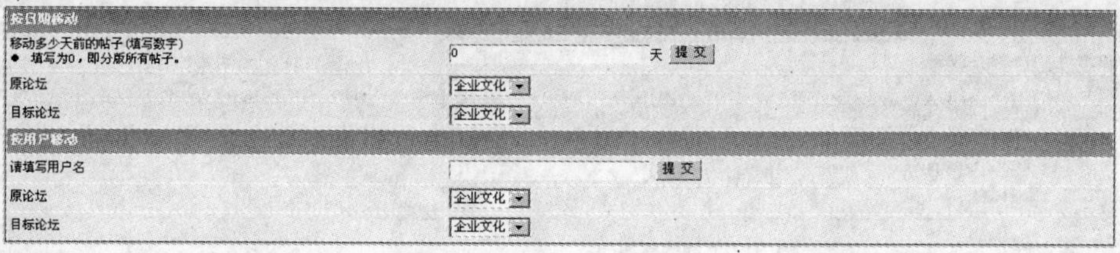

图 6-24　批量移动

B　当前帖子数据表管理

点击图 6-10 左边"论坛帖子管理"下的"当前帖子数据表管理"，打开图 6-25 所示页面。数据表中选中的为当前论坛所使用来保存帖子数据的表，一般情况下每个表中的数据越少论坛帖子显示速度越快，当单个帖子数据表中的数据有超过几万的帖子时不妨新添一个数据表来保存帖子数据（SQL 版本用户建议每个表数据达到 20 万以后进行添加表操作），这样，论坛速度会快很多很多。也可以将当前所使用的数据表在下列数据表中切换，当前所使用的帖子数据表即当前论坛用户发帖时默认的保存帖子数据表。

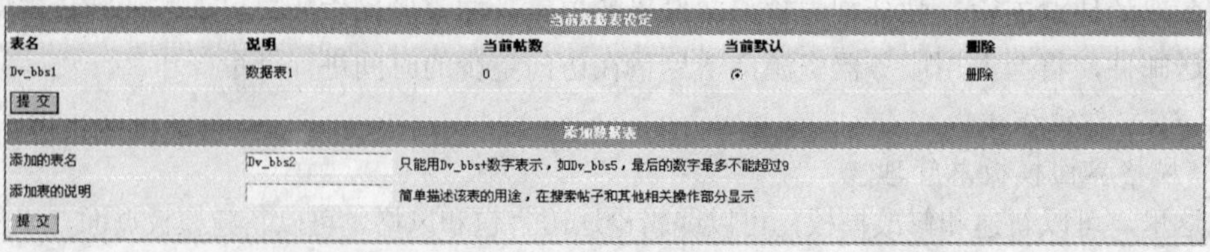

图 6-25　数据表管理

C　数据表间帖子转换

点击图 6-10 左边"论坛帖子管理"下的"数据表间帖子转换"，打开图 6-26 所示页面。

可以选择图中的两种模式之一进行帖子数据在不同表之间的转换。

图 6-26 数据表间帖子转换

值得注意的是，最前 N 条记录指数据库中最早发表的帖子（如果平均每个帖子有 5 个回复，那么 100 个主题在这里的更新量将是 500 条记录），这通常要花很长的时间，更新的速度取决于服务器性能以及更新数据的多少。执行转换将消耗大量的服务器资源，建议在访问人数较少的时候或者本地进行更新操作。

6.2.3.6 替换/限制处理

A 脏话过滤设置

点击图 6-10 左边"替换/限制处理"下的"脏话过滤设置"，打开图 6-27 所示页面。可以对论坛中出现的脏话进行过滤处理。

图 6-27 数据表间帖子转换

B 注册过滤字符

注册过滤字符将不允许用户注册包含设定字符的内容（见图 6-28）。将要过滤的字符串添入，如果有多个字符串，请用"，"分隔开，如"沙滩,quest,木鸟"等。

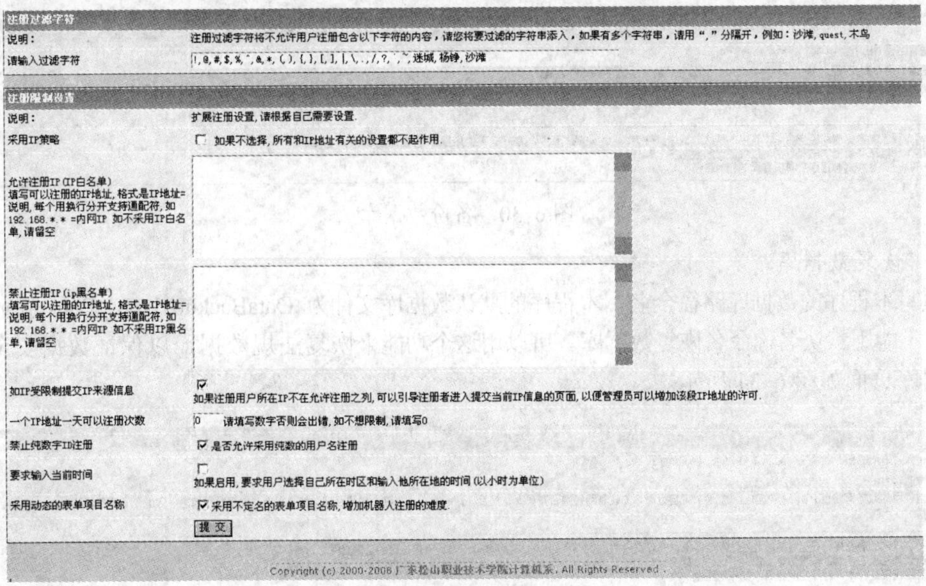

图 6-28 注册过滤字符

C IP 来访限定添加 | 管理

可以添加多个限制 IP，每个 IP 用"|"分隔。限制 IP 的书写方式如 202.152.12.1，就限制了 202.152.12.1 这个 IP 的访问，如 202.152.12.*就限制了以 202.152.12 开头的 IP 访问，同理*.*.*.*则限制了所有 IP 的访问。在添加多个 IP 的时候，请注意最后一个 IP 的后面不要加"|"符号。

D 论坛 IP 库添加 | 管理

如果需要添加 IP 数据来源请直接添加，如果添加的来源在数据库中已经存在，将提示是否进行修改，数据库中尚没有的记录将直接添加，也可以直接对现有的数据进行管理操作。

6.2.3.7 数据处理

数据处理主要是对论坛数据的压缩、备份、恢复。

A 压缩数据库

输入数据库所在相对路径，并且输入数据库名称（正在使用中数据库不能压缩，请选择备份数据库进行压缩操作），如图 6-29 所示。

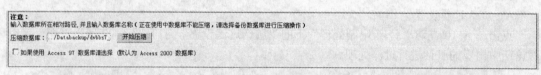

图 6-29 压缩数据库

B 备份数据库

填写本程序的数据库路径全名，本程序的默认数据库文件为 Data\dvbbs7.MDB，请一定不能用默认名称命名备份数据库。可以用这个功能来备份法规数据，以保证数据安全。备份数据库页面如图 6-30 所示。

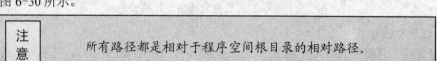

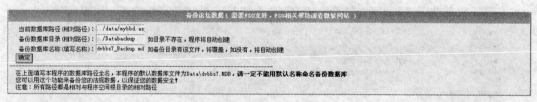

图 6-30 备份数据库

C 恢复数据库

填写本程序的数据库路径全名，本程序的默认数据库文件为 DataBackup\dvbbs_Backup.MDB，请一定不能用默认名称命名恢复数据库。可以用这个功能来恢复法规数据，以保证数据安全。恢复数据库页面如图 6-31 所示。

图 6-31 恢复数据库

注意	所有路径都是相对于程序空间根目录的相对路径。

D 系统信息检测

系统信息检测可以检查论坛系统的相关信息，如图 6-32 所示。

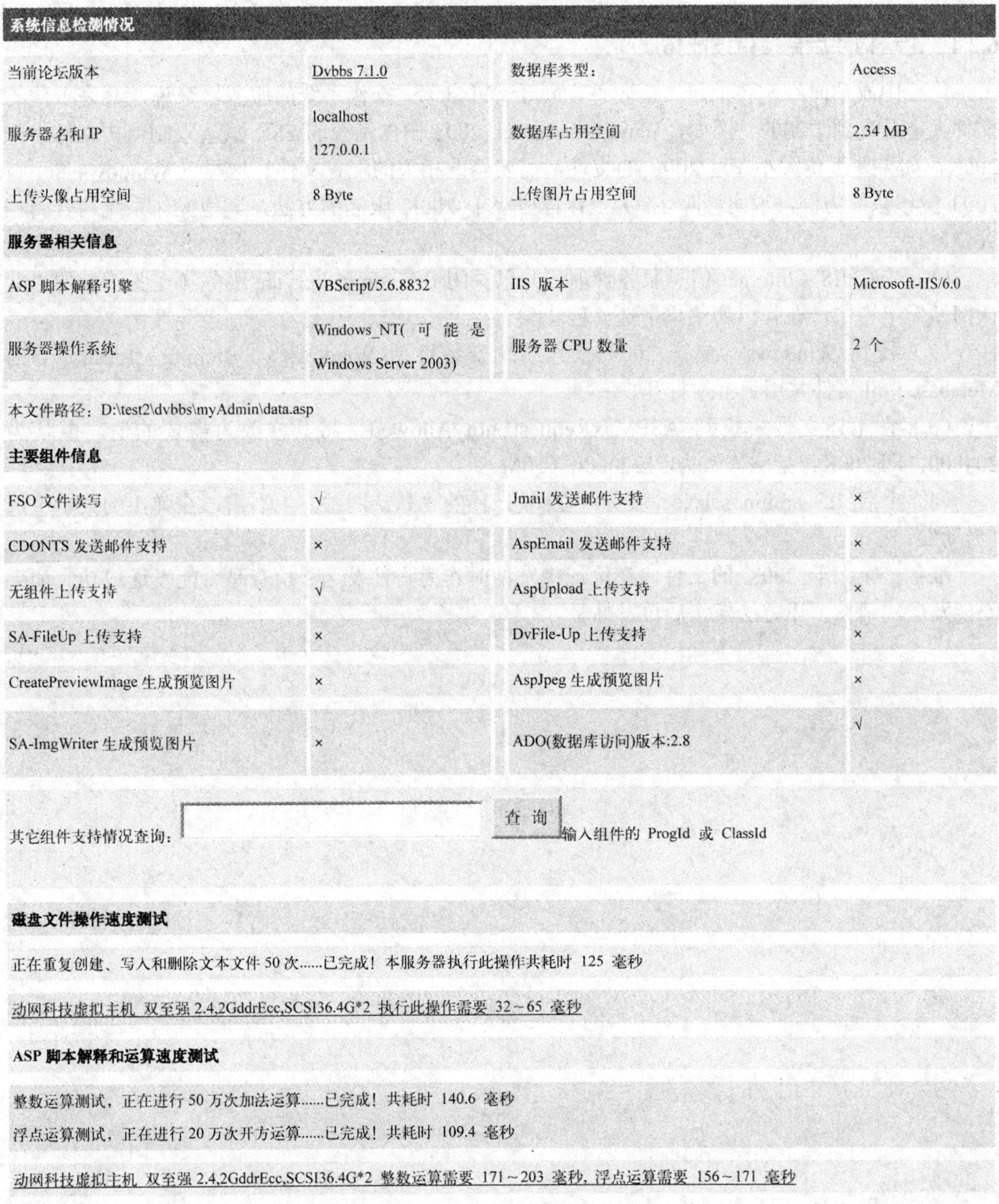

系统信息检测情况

当前论坛版本	Dvbbs 7.1.0	数据库类型：	Access
服务器名和 IP	localhost 127.0.0.1	数据库占用空间	2.34 MB
上传头像占用空间	8 Byte	上传图片占用空间	8 Byte

服务器相关信息

ASP 脚本解释引擎	VBScript/5.6.8832	IIS 版本	Microsoft-IIS/6.0
服务器操作系统	Windows_NT(可能是 Windows Server 2003)	服务器 CPU 数量	2 个

本文件路径：D:\test2\dvbbs\myAdmin\data.asp

主要组件信息

FSO 文件读写	√	Jmail 发送邮件支持	×
CDONTS 发送邮件支持	×	AspEmail 发送邮件支持	×
无组件上传支持	√	AspUpload 上传支持	×
SA-FileUp 上传支持	×	DvFile-Up 上传支持	×
CreatePreviewImage 生成预览图片	×	AspJpeg 生成预览图片	×
SA-ImgWriter 生成预览图片	×	ADO(数据库访问)版本:2.8	√

其它组件支持情况查询： [　　　　　] [查询] 输入组件的 ProgId 或 ClassId

磁盘文件操作速度测试

正在重复创建、写入和删除文本文件 50 次……已完成！本服务器执行此操作共耗时 125 毫秒

动网科技虚拟主机 双至强 2.4,2GddrEcc,SCSI36.4G*2 执行此操作需要 32~65 毫秒

ASP 脚本解释和运算速度测试

整数运算测试，正在进行 50 万次加法运算……已完成！共耗时 140.6 毫秒

浮点运算测试，正在进行 20 万次开方运算……已完成！共耗时 109.4 毫秒

动网科技虚拟主机 双至强 2.4,2GddrEcc,SCSI36.4G*2 整数运算需要 171~203 毫秒，浮点运算需要 156~171 毫秒

图 6-32 系统检测信息

6.2.3.8　文件管理

文件管理主要对上传头像、上传文件、注册头像、发帖心情、发帖表情进行管理。

6.2.3.9　菜单管理

在菜单管理中添加的内容将自动显示于论坛前台的顶部菜单，本教程不建议修改。

6.2.3.10　道具中心管理

道具中心管理提供了对道具的基本设置，如道具资料设置、用户道具管理、交易信息管理、道具中心日志、魔法表情设置等。在论坛构件中有比较详细的说明。

6.2.4　论坛构件后台使用技能拓展

论坛中发帖时经常要上传一些附件，对于 Windows 操作系统的服务器来说，允许上传的文件大小是受到限制的。例如，Windows Server 2003 操作系统的 FSO 默认限制上传文件小于200K，如果要上传大小超过 200K 的文件，需要修改相关的配置文件。这里以 Windows Server 2003 操作系统为例，说明解除 FSO 上传程序小于 200K 限制的方法，其他操作系统请查阅相关资料。

（1）先在 IIS（Internet 信息服务管理器）里关闭 IIS admin service 服务（在图 1-1 的"默认网站"上右击，在弹出的菜单中选"停止"）。

（2）找到 Windows Server 2003 操作系统安装目录 Windows ＼ System32 ＼ Inestrv 下的 Metabase.xml 文件并用记事本打开。

（3）在上述文件中找到 ASPMaxRequestEntityAllowed，将其修改为需要的值。默认为204800，即 200K，把它修改为 51200000（50M）。

（4）重启 IIS admin service 服务（在图 1-1 的"默认网站"上右击，在弹出的菜单中选"启动"）。

准备一个大于 200K 的文件，在论坛中发帖时作为附件发送，检查是否能发送成功。如果不能发送，请按上述方法操作后再发帖。

7 网站商城构件的使用

7.1 商品分类管理

7.1.1 学习目标

7.1.1.1 知识目标
（1）了解商品大小类的划分知识。
（2）了解商品管理知识。

7.1.1.2 技能目标
（1）能利用网站商城构件划分商品大小类。
（2）能操作商品类别的转移。
（3）能实现商品属性和类别的管理。

7.1.2 利用网站商城构件实现"紫日茶叶公司"网站商城

（1）在 D 盘目录 test2 下创建子目录 news，将从 http://www.gdsspt.net/site 中的"资源下载"下载的"第 7 章素材"里的"网站商城构件.rar"解压到目录 D:\test2\shop 下，为本机配置虚拟目录 test2（参见 1.1 节），指向 D:\test2。

（2）在 IE 地址栏中输入 http://localhost/test2/shop/admin/index.asp，输入用户名 admin，密码 admin，并按要求输入验证码，打开图 7-1 所示的网站商城构件主页面。

图 7-1　网站商城构件管理主页面

（3）点击图 7-1 左边的"分类管理"，展开面板后再点击"商品大类管理"，出现图 7-2 所示的商品大类管理页面。在页面的"分类名称"中依次输入"产品展示"、"论茶说茶"、"悠悠紫砂"、"新书推荐"等商品大类名称，点击"添加"按钮，增加商品大类。

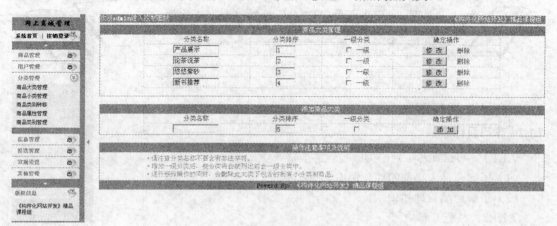

图 7-2　商品大类管理页面

（4）同样点击图 7-1 左边的"分类管理"，展开面板后再点击"商品小类管理"，出现图 7-3 所示的商品小类管理页面。

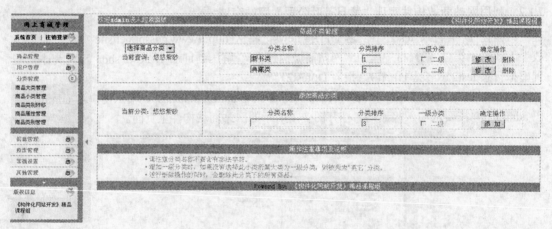

图 7-3　商品小类管理页面

选择商品分类（大类），在下面的"分类名称"中输入表 7-1 列出的商品小类名称，点击"添加"按钮，增加商品小类。

表 7-1　商品分类信息

商品大类	产品展示	论茶说茶	悠悠紫砂	新书推荐
商品小类	铁观音	新书类	新书类	励志类
	毛尖	典藏类	典藏类	经营类
	礼罐礼盒			生活类

（5）点击图 7-1 左边的"分类管理"，展开面板后再点击"商品类别管理"，出现图 7-4 所

示的商品类别管理页面。在"品牌名称"文本框中依次输入"紫日名茶"、"紫日书店"、"紫日壶满堂"、"普洱茶营销中心"，每次要点击"添加"按钮，其中"普洱茶营销中心"为推荐品牌，其他为普通品牌。

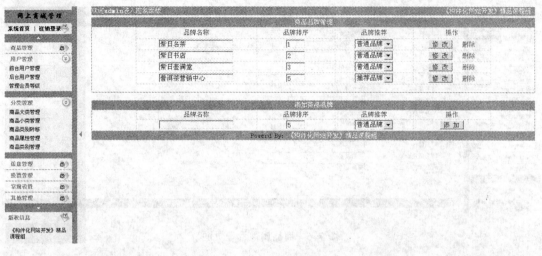

图 7-4　商品类别管理页面

7.1.3　网站商城构件商品属性管理

对商品的管理，先大类，后小类，可以实现从小类到大类的变化转移，可以对商品的属性和类别进行管理。

在 7.1.2 节中实现了对商品的大类管理和小类管理，如果小类商品因为特殊原因需要从原来的大类转移到另一个大类中，这时需要进行类别转移工作，方法如下：

点击图 7-1 左边的"分类管理"，展开面板后再点击"商品类别转移"，出现图 7-5 所示的商品类别转移页面。先选择要转移的小类，然后选择所属大类，点击"确定转移"就会将小类转移到所选择大类中。

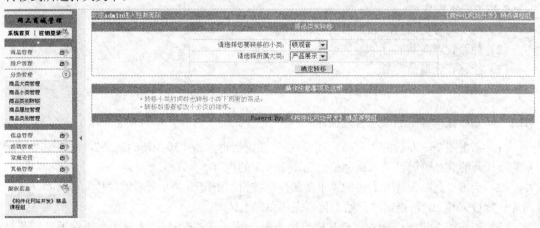

图 7-5　商品类别转移页面

值得注意的是，转移小类的同时也转移小类下所有的商品。转移后需要在"商品小类管理"中修改小分类的排序。

　　有时根据商品的不同性质，可能需要修改描述商品特征的属性，网站商城构件提供了对商品属性的管理功能。点击图 7-1 左边的"分类管理"，展开面板后再点击"商品属性管理"，出现图 7-6 所示的商品属性管理页面，可以根据需要设置商品的 13 个属性。

图 7-6　商品属性管理页面

7.1.4　网站商城构件使用技能拓展

　　（1）在"商品小类管理"中为"产品展示"大类增加"紫日通讯"小类。
　　（2）在"商品类别转移"中将"紫日通讯"小类从"产品展示"大类转移到"新书推荐"大类，并查看转移后的结果。

7.2　商品信息管理

7.2.1　学习目标

7.2.1.1　知识目标
了解商品管理的知识。

7.2.1.2　技能目标
（1）能实现对商品的添加、修改与删除。
（2）能够管理商品的订单。
（3）能够管理商品发货。
（4）能够管理客户对商品的评论。

7.2.2　网站商城构件商品信息管理操作

　　（1）点击图 7-1 左边的"商品管理"，展开面板后再点击"添加新的商品"，出现图 7-7 所示的添加新的商品页面。填入商品信息见图 7-7 中的内容。
　　（2）点击"商品图片"右边的"上传图片"按钮，出现图 7-8 所示的图片上传页面，选择图片"紫日茶醉.gif"，点击"开始上传"完成图片上传。
　　（3）在在线编辑器中输入：金秋隆重推出新产品——"茶醉"，本品由高级铁观音制茶专家，秉承传统精湛的制茶工艺、精心研制、粒粒含情。顶级的茗品加上精美的包装，是馈赠礼品的首选。相约金秋，茶香四海，醉品人生。
　　（4）"商品类别"选择"普通商品"，点击"添加"按钮添加商品信息。

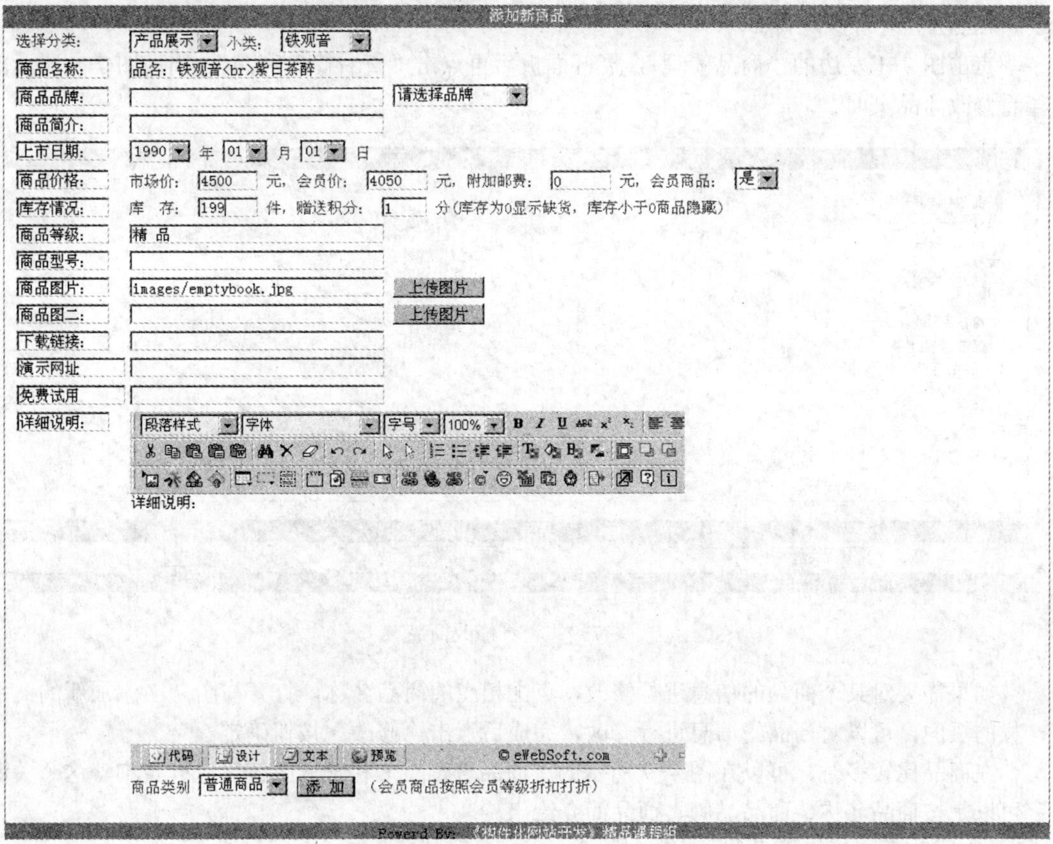

图 7-7 添加新的商品页面

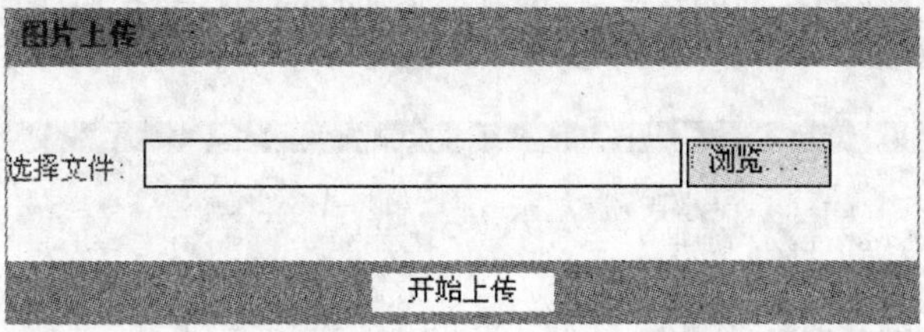

图 7-8 图片上传页面

7.2.3 网站商城构件商品信息管理功能

在商品类别划分完成后，需要添加对商品的描述信息，如商品名称、商品品牌、商品简介、上市日期、商品价格、库存情况等。网站商城构件提供了对这些信息的管理功能。

7.2.3.1 添加新的商品

7.2.2 节实现了对商品信息的添加，值得注意的是，网站商城构件提供对商品详细说明的在线编辑器。在线编辑器的使用方法与 Dreamweaver 软件的使用方法相似，该编辑器提供了详细的帮助功能，可点击编辑器上的 ⁇ 查看相关信息。当然，也可以利用 Dreamweaver 软件编辑好商品的详细说明，切换到代码模式，复制所有代码，在在线编辑器同样切换到代码模式，将刚才复制代码粘贴到在线编辑器完成对商品的详细说明。

7.2.3.2　查看修改商品

点击图 7-1 左边的"商品管理",展开面板后再点击"查看修改商品",出现图 7-9 所示的查看修改商品页面。

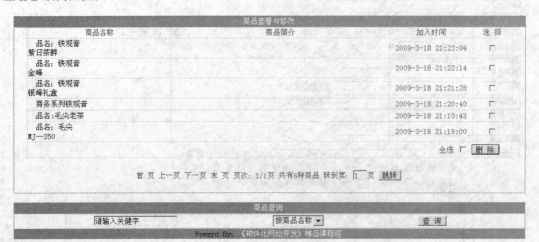

图 7-9　查看修改商品

如果需要对某个商品的信息进行修改,点击相应的商品名称,打开与图 7-7 添加新的商品一样的页面,可以对商品的信息进行修改,完成后点击"修改"按钮确定。

在商品比较多时,可以在图 7-9 所示的"商品查询"一栏输入关键字进行查询,这个关键字可以是按商品名称、商品品牌、商品简介给出。

7.2.3.3　管理商品订单

客户在购物车中选定了要购买的商品,产生了订单,商城相关人员可以对客户的订单进行处理。点击图 7-1 左边的"商品管理",展开面板后再点击"管理商品订单",出现图 7-10 所示的管理商品订单页面。

订单号	下单用户	收货人	金额总计	付款方式	收货方式	订单状态
20070514155819	非注册用户	ddd	318元	建设银行汇款	E-mail	未作任何处理
20070514155633	非注册用户	ddd	220元	建设银行汇款	E-mail	未作任何处理
20070514155439	非注册用户	ddd	220元	建设银行汇款	E-mail	未作任何处理
20070514154921	非注册用户	ddd	398元	建设银行汇款	E-mail	未作任何处理
20070419134922	非注册用户	sdx	806元	建设银行汇款	E-mail	未作任何处理
20060406195347	admin	sdx	232元	支付宝支付	普通平邮	未作任何处理
20060406195246	非注册用户	sdx	220元	建设银行汇款	E-mail	未作任何处理
20060406193214	admin	sdx	232元	支付宝支付	普通平邮	未作任何处理
20060406192414	admin	sdx	232元	支付宝支付	普通平邮	未作任何处理
20060406192133	非注册用户	sdx	598元	建设银行汇款	E-mail	未作任何处理
20051226013610	sdx	sdx	230元	支付宝支付	普通平邮	未作任何处理
20051226013038	sdx	sdx	89元	支付宝支付	普通平邮	未作任何处理
20051226004810	sdx	sdx	125元	支付宝支付	普通平邮	未作任何处理
20051226004632	sdx	sdx	135.86元	支付宝支付	特快专递(EMS)	未作任何处理
20051226004435	sdx	sdx	124.86元	支付宝支付	普通平邮	服务商已收到款
20051225221827	sdx	sdx	89元	支付宝支付	普通平邮	未作任何处理
20051225221356	sdx	sdx	89.22元	支付宝支付	普通平邮	未作任何处理

图 7-10　管理商品订单

订单分为未做任何处理、服务商已收到款、服务商已发货、用户已经收到货四种状态，要查看制定状态的订单可以从图 7-10 所示的"选择订单状态"中选择查询。

在订单比较多时，可以在图 7-10 所示的"订单查询"一栏查询，可以按下单用户名、订单状态、订单号查询，也可以按下单用户名和订单状态组合查询。

要对指定的订单进行处理，点击图 7-10 中相应的订单号，打开图 7-11 所示的商品订单处理页面。

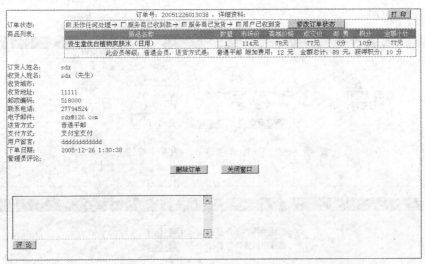

图 7-11　商品订单处理

如果已经安装好打印机，点击"打印"按钮可以打印订单。如果要修改订单状态，可以在相应状态的前面复选框中点击，不过值得注意的是订单状态只能按箭头指示的顺序依次修改，不能同时将订单设置为多个状态。可以点击商品名称查看商品的详细信息，也可以点击"删除订单"按钮删除订单。要对订单进行注释或评论，可以在"评论"按钮上面的文本库框中输入相应信息，点击"评论"按钮添加保存。

7.2.3.4　管理发货清单

当某个订单已经支付，需要按订单发货，点击图 7-1 左边的"商品管理"，展开面板后再点击"管理发货清单"，出现图 7-12 所示的管理发货清单页面。

图 7-12　管理发货清单

在图 7-12 所示的发货清单栏输入发货日期、收货人、发货方式、发货单号（按公司要求编写）、收货地址等信息后，点击"添加"按钮增加发货单，添加的发货单在发货单清单栏列出，可以点击"修改"和"删除"对已添加的发货单进行修改或删除。

7.2.3.5　管理商品评论

在前台商城页面中，客户可以对商品进行评论，后台可以对评论进行管理。

点击图 7-1 左边的"商品管理"，展开面板后再点击"管理商品评论"，出现图 7-13 所示的管理商品评论页面。

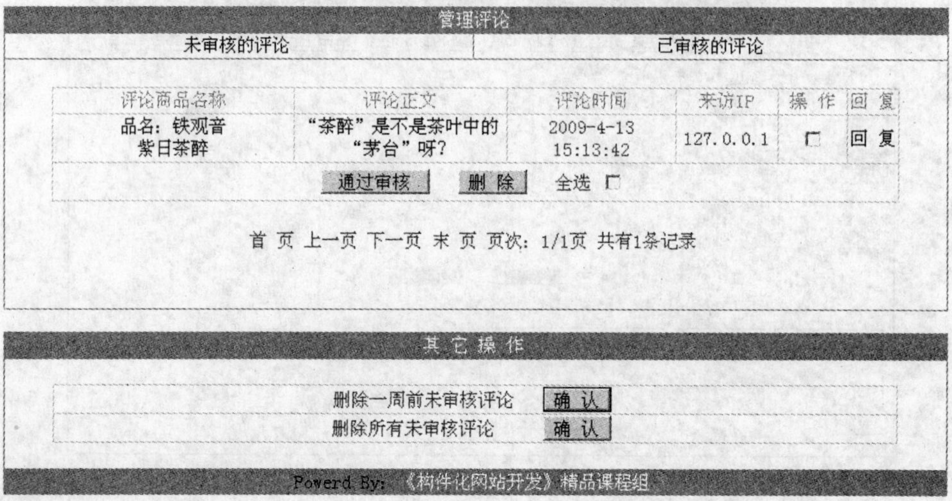

管理评论					
未审核的评论			已审核的评论		
评论商品名称	评论正文	评论时间	来访IP	操作	回复
品名：铁观音 紫日茶醉	"茶醉"是不是茶叶中的 "茅台"呀？	2009-4-13 15:13:42	127.0.0.1	□	回复

通过审核　　删　除　　全选 □

首 页 上一页 下一页 末 页 页次：1/1页 共有1条记录

其 它 操 作

删除一周前未审核评论　确认
删除所有未审核评论　确认

Powerd By：《构件化网站开发》精品课程组

图 7-13　管理商品评论

在图 7-13 中，点击"通过审核"按钮可以让评论在前台页面显示出来，未通过审核的评论是不会在前台页面显示出来的；点击"回复"超链接可以对评论进行回复；还可以删除一周前未审核评论或删除所有未审核评论。

7.2.4　网站商城构件商品信息管理使用技能拓展

根据前面对管理商品订单功能的介绍，实现对商品订单的管理。

7.3　用户管理

7.3.1　学习目标

7.3.1.1　知识目标
了解用户的分类与等级。

7.3.1.2　技能目标
（1）能够对前台用户进行管理。
（2）能够对后台用户进行管理。
（3）能够对注册用户划分等级。

7.3.2　网站商城构件用户管理操作

（1）点击图 7-1 左边的"用户管理"，展开面板后再点击"前台用户管理"，出现图 7-14 所示的前台用户管理页面。

图 7-14　前台用户管理

（2）在搜索用户栏的"按用户名查找"文本框中输入"sundx"，并勾选"模糊查询"复选框，点击"查询"按钮，这时找到两个用户，如图 7-15 所示。

图 7-15　前台用户查询结果

（3）选择用户"sundxshop"，点击图 7-15 中"删除所选用户"按钮，删除该用户。

（4）点击用户名"sundx336"，打开图 7-16 所示前台用户详细资料，可以对该用户的详细资料进行修改，将该用户的会员级别提高为"中级会员"，并查询此用户的所有订单。

7.3.3　网站商城构件用户管理分类

网站商城有前台用户和后台用户之分，前台用户指的是在前台页面注册成功的用户，后台用户是对商城进行各项管理的人员。

7.3.3.1　前台用户管理

前台用户管理提供了对前台用户进行查询、修改详细信息、删除、查询用户订单等功能。具体操作见 7.3.2 节的操作步骤。

7.3.3.2　后台用户管理

后台管理用户与前台用户毫无牵连。后台用户可以对商城进行各项管理，如商品信息管理、用户管理、商品分类管理、商城新闻管理、商城各种设置等。后台用户具有的管理权限分为三种：

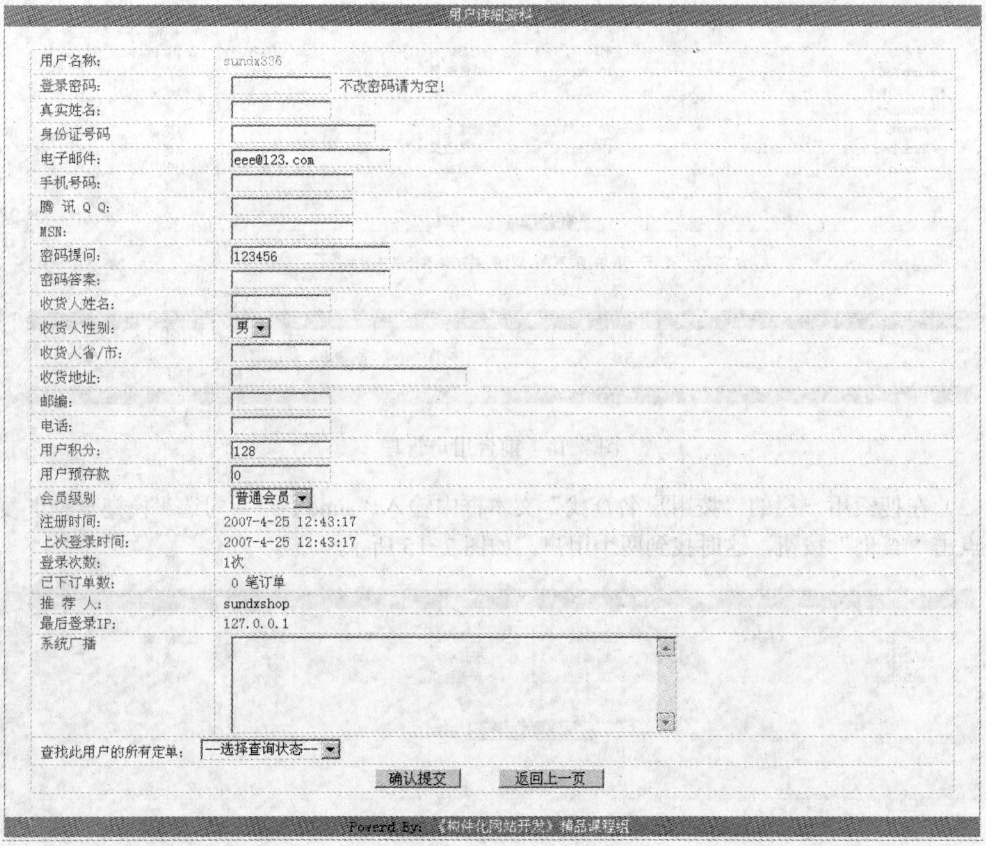

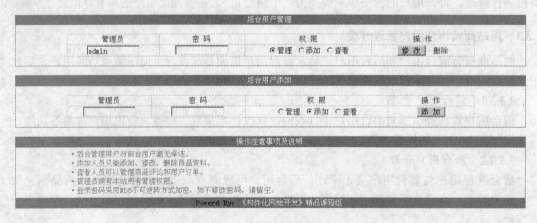

图 7-16　前台用户详细资料

（1）添加人员，只能添加、修改、删除商品资料。

（2）查看人员，可以管理商品评论和用户订单。

（3）管理员，拥有商城所有管理权限，也是最高权限。

点击图 7-1 左边的"用户管理"，展开面板后再点击"后台用户管理"，出现图 7-17 所示的后台用户管理页面，可以点击"添加"按钮增加新的后台用户，也可以对已有后台用户的权限进行修改或删除。

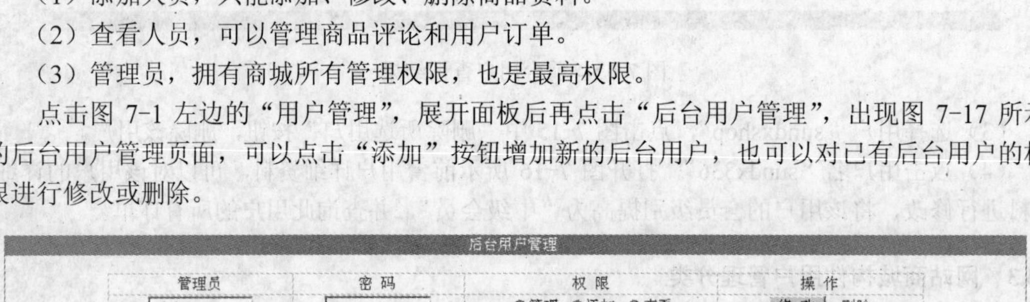

图 7-17　后台用户管理

7.3.3.3 会员等级管理

网站商城对注册的前台用户划分不同的等级，以吸引更多的客户。网站商城默认会员等级划分如表 7-2 所示。

表 7-2 默认会员等级表

会员等级	等级排序	所需积分	等级折扣
普通会员	1	0	0
初级会员	2	2000	0.02
中级会员	3	5000	0.01
高级会员	4	8000	0.05
金牌代理	5	10000	0.03
批发商	6	20000	0.04

可以根据商城运转的情况修改会员的等级、达到相应会员等级需要的积分、各等级会员能享受的折扣等。点击图 7-1 左边的"用户管理"，展开面板后再点击"管理会员等级"，出现图 7-18 所示的管理会员等级页面。可以添加、修改或删除相应会员等级。

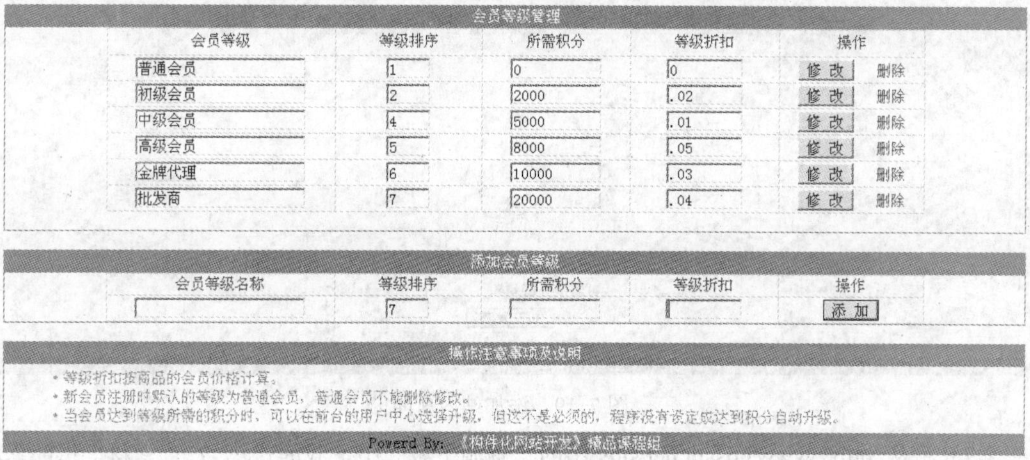

图 7-18 会员等级管理

7.3.4 网站商城构件用户管理使用技能拓展

（1）添加后台用户"zhanghua"，密码"123456"，通过此用户登录后台，在"产品展示"大类的"礼罐礼盒"小类中增加商品。

（2）在会员等级管理中增加"金卡会员"和"银卡会员"，见表 7-3。

表 7-3 会员等级设定

会员等级	等级排序	所需积分	等级折扣
银卡会员	5	8500	0.05
金卡会员	6	9000	0.04

7.4　信息发布管理

7.4.1　学习目标

7.4.1.1　知识目标

（1）了解新闻及其管理的知识。

（2）了解网站公告与留言的知识。

7.4.1.2　技能目标

（1）能够添加、修改与删除新闻。

（2）能够添加公告信息。

（3）能够对客户留言进行查看、回复与删除。

7.4.2　网站商城构件信息发布管理操作

（1）点击图 7-1 左边的"信息管理"，展开面板后再点击"添加站内新闻"，出现图 7-19 所示的添加站内新闻页面。

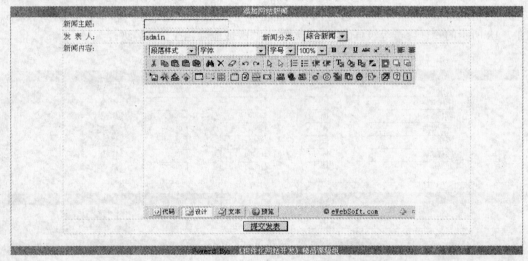

图 7-19　添加站内新闻

（2）将从 http://www.gdsspt.net/site 中的"资源下载"中下载的"第 7 章素材"里的素材"新闻添加.txt"中的两条新闻添加到商城中。

（3）点击"首页公告设置"，出现图 7-20 所示的首页公告设置页面，将首页公告修改为"紫日茶叶公司欢迎您的光临"。

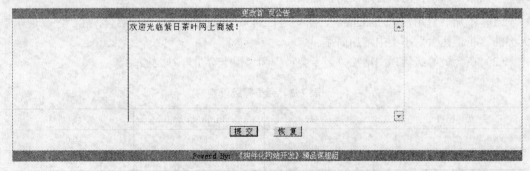

图 7-20　添加站内新闻

（4）点击"滚动公告设置"，出现与图 7-20 一样的滚动公告设置页面，将滚动公告修改为"国庆黄金周紫日茶叶公司优惠推出仙峰茶"。

7.4.3 网站商城构件信息发布功能描述

信息管理是对网站商城的新闻、公告、留言等信息进行添加、修改与删除。

7.4.3.1 添加站内新闻

添加站内新闻可以编辑新闻在前台的显示，图 7-19 的编辑器与 Dreaweaver 相似，可以编辑和识别 HTML 代码，如果不习惯此编辑器的使用，可以在 Dreaweaver 中编辑好后切换到代码模式，拷贝所有代码，再粘贴到此编辑器的代码模式中。

7.4.3.2 新闻修改删除

点击图 7-1 左边的"信息管理"，展开面板后再点击"新闻修改删除"，出现图 7-21 所示的新闻修改删除页面。

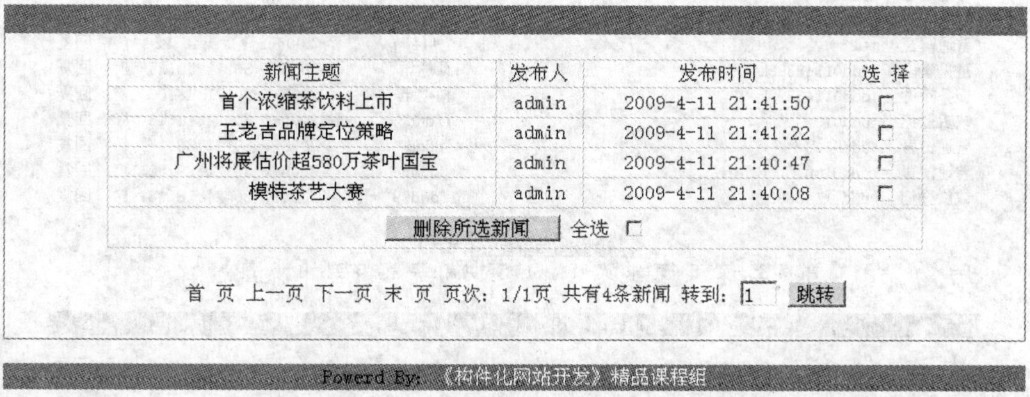

新闻主题	发布人	发布时间	选 择
首个浓缩茶饮料上市	admin	2009-4-11 21:41:50	□
王老吉品牌定位策略	admin	2009-4-11 21:41:22	□
广州将展估价超580万茶叶国宝	admin	2009-4-11 21:40:47	□
模特茶艺大赛	admin	2009-4-11 21:40:08	□

删除所选新闻　全选 □

首 页　上一页　下一页　末 页　页次: 1/1页　共有4条新闻　转到: 1 跳转

Powerd By: 《构件化网站开发》精品课程组

图 7-21　新闻修改删除

点击新闻主题的相关新闻链接，打开与图 7-19 相同的界面进行新闻的修改。如果要删除新闻，在图 7-21 中的选择栏选择相应新闻，点击"删除所选新闻"删除新闻。

7.4.3.3 首页公告设置

点击图 7-1 左边的"信息管理"，展开面板后再点击"首页公告设置"，出现图 7-22 所示的首页公告设置页面。

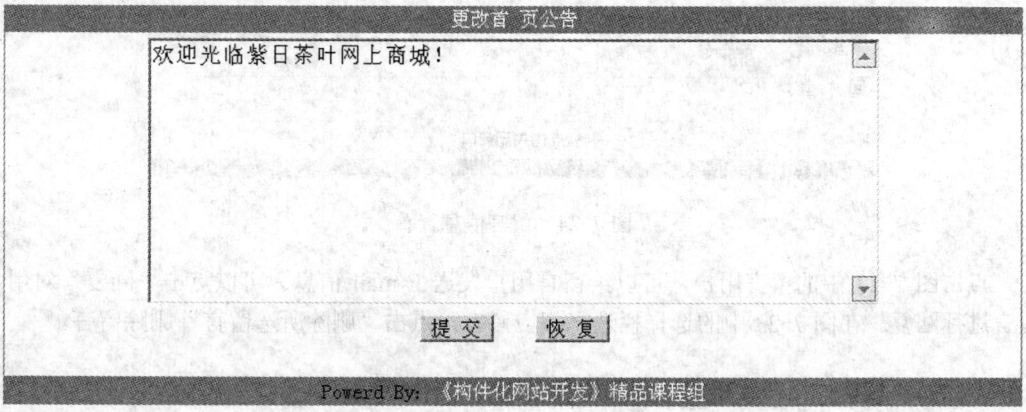

更改首 页公告

欢迎光临紫日茶叶网上商城！

提 交　恢 复

Powerd By: 《构件化网站开发》精品课程组

图 7-22　首页公告设置

在图 7-22 中输入公告信息，点击"提交"按钮即可在前台页面中看到相应的公告信息。

7.4.3.4　滚动公告设置

点击图 7-1 左边的"信息管理"，展开面板后再点击"滚动公告设置"，出现与图 7-22 一样的滚动公告设置页面，输入公告信息，点击"提交"按钮即可在前台页面中看到相应的公告信息。

7.4.3.5　留言块版管理

留言块版管理提供了对前台的客户留言管理功能，分为普通留言、意见建议、缺货登记、合作意向、产品投诉、服务投诉六类留言。点击图 7-1 左边的"信息管理"，展开面板后再点击"留言块版管理"，出现图 7-23 所示的留言块版管理页面。

查看信息反馈				选择查看类型	选择信息类型 ▼
留言类型	留言标题	留言用户	留言时间	选择	回复
普通留言	11	11	2005-9-6 12:34:13	□	回复
普通留言	dddd	sssss	2005-9-6 10:08:52	□	回复
普通留言	dddd	sssss	2005-9-6 10:03:20	□	回复
普通留言	44	444	2005-9-4 12:45:28	□	回复
意见建议	ddd01143399kt	商达讯	2005-7-30 21:50:25	□	回复
服务投诉	ddd01143399k	商达讯	2005-7-30 21:48:06	□	回复
缺货登记	ddd019	ffddd3	2005-7-30 21:46:46	□	回复
普通留言	ddd01	dddd	2005-7-30 21:38:17	□	回复
普通留言	ddd01pp	dddd1	2005-7-30 21:29:32	□	回复
缺货登记	ddd01143399	ffddd99	2005-7-30 21:28:08	□	回复

删除所选留言　全选 □

首 页 上一页 下一页 末 页 页次：1/3页 共有25条信息 转到：1　跳转

Powerd By:　《构件化网站开发》精品课程组

图 7-23　留言块版管理

点击相应的留言标题，可以查看留言的具体信息，如图 7-24 所示。

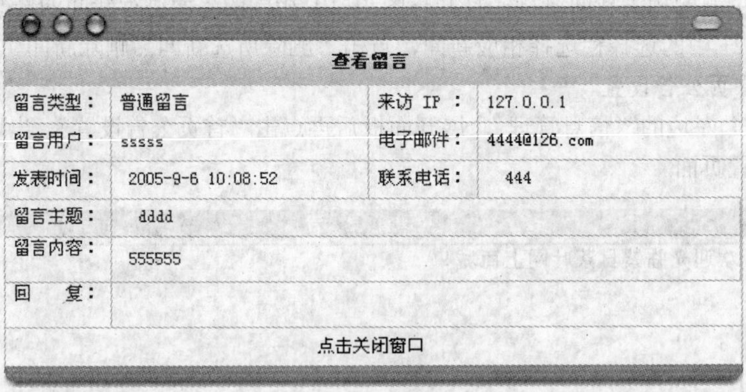

查看留言			
留言类型：	普通留言	来访 IP：	127.0.0.1
留言用户：	sssss	电子邮件：	4444@126.com
发表时间：	2005-9-6 10:08:52	联系电话：	444
留言主题：	dddd		
留言内容：	555555		
回　复：			
点击关闭窗口			

图 7-24　留言信息查看

点击图 7-23 中的留言用户，可以给留言用户发送 E-mail 信息。可以点击"回复"对用户留言进行回复。在图 7-23 中的选择栏选择相应留言，点击"删除所选留言"删除留言。

7.4.4　网站商城构件信息发布使用技能拓展

（1）为首页设置公告"紫日茶叶国庆优惠酬宾活动开始"，要求用绿色显示。

（2）设置滚动公告"紫日满堂壶有新品上架"、"紫日茶叶隆重推出普洱系列茶"，要求分两行显示，且颜色为红色。

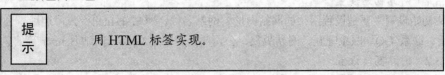

提示	用 HTML 标签实现。

7.5 网站商城常规设置

7.5.1 学习目标

7.5.1.1 知识目标

了解网站商城构件的常规设置内容。

7.5.1.2 技能目标

（1）能够进行网站初始化设置（网站网址、网站名称、网站版权、网站 Logo、Banner 等）。

（2）能够进行网站高级设置（商品小图大小、支付方式、邮件服务等）。

（3）能够修改登录密码。

（4）能够管理网站各项统计数据。

7.5.2 网站商城构件常规设置操作

（1）点击图 7-1 左边的"常规设置"，展开面板后再点击"网站初始化设置"，出现图 7-25 所示的网站初始化设置页面。

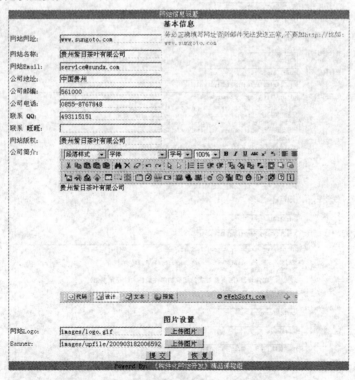

图 7-25　网站初始化设置

（2）按图 7-25 所示设置"紫日茶叶公司网站商城"初始参数。

7.5.3　网站商城构件常规设置功能

7.5.3.1　网站初始设置

网站初始设置主要是设置网站的网站网址、网站名称、网站 E-mail、公司地址、公司邮编、公司电话、联系 QQ、联系旺旺、网站版权、公司简介、网站 Logo、网站 Banner 等信息。

7.5.3.2　网站高级设置

网站高级设置可以设置商品小图宽度、商品小图高度、免邮费设置（购物满多少免附加邮费，设置成 0 表示关闭此功能）、积分转预存款比例、注册送积分、推荐人奖励积分、网站备案号、是否允许匿名购物、是否调用 QQ 在线、支付平台选择、支付商户号、支付密钥、返回网址、返回网址填写、是否开通支付宝支付平台、支付宝 E-mail、支付宝密钥、支付宝返回网址、返回网址填写、邮件设置（服务器要支持相应的邮件组件才能正常发信）、邮件服务器地址、邮件登录用户名、邮件登录密码、邮件附加的签名、使用的邮件组件等。

点击图 7-1 左边的"常规设置"，展开面板后再点击"网站高级设置"，出现图 7-26 所示的网站高级设置页面。

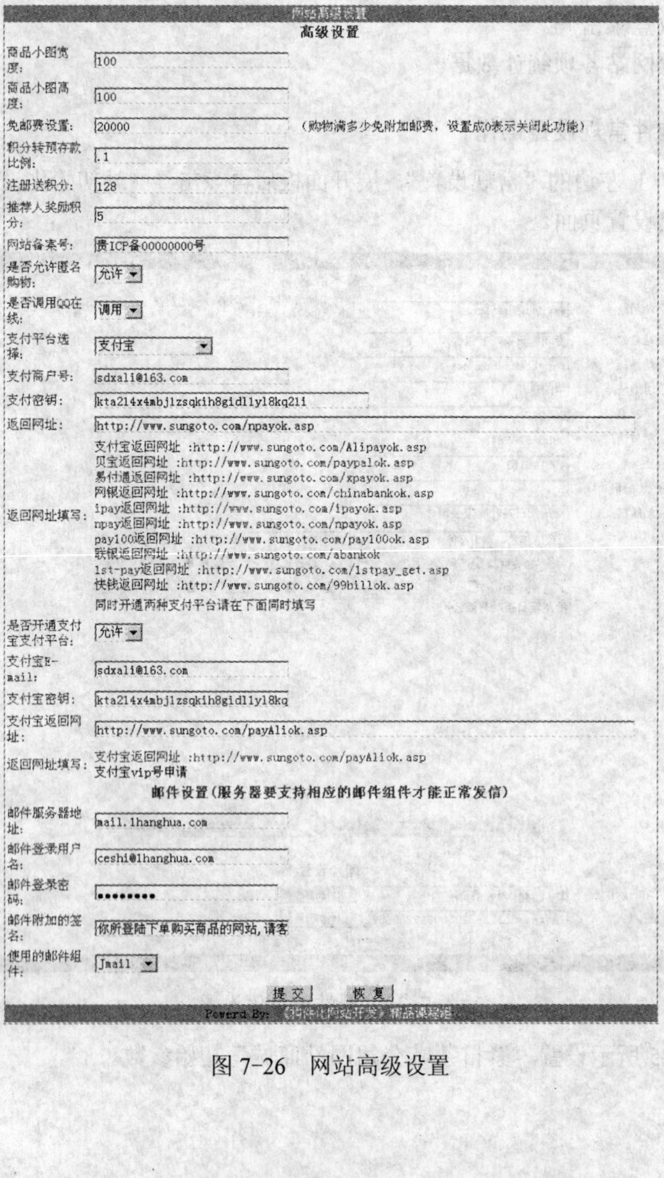

图 7-26　网站高级设置

7.5.3.3　网站广告设置

可以为网站商城指定前台首页的广告图片，前台首页顶部、中部、下部的显示图片，在前台首页左侧的广告图片。

点击图 7-1 左边的"常规设置"，展开面板后再点击"网站广告设置"，出现图 7-27 所示的网站广告设置页面。

图 7-27　网站广告设置

7.5.3.4　修改登录密码

可以对登录后台管理的密码进行修改，点击图 7-1 左边的"常规设置"，展开面板后再点击"修改登录密码"，出现图 7-28 所示的修改登录密码页面。

图 7-28　修改登录密码

7.5.3.5　在线客服管理

网站商城为客户提供了良好的服务，如果客户对商城有任何疑问和想法，均可以通过在线客服与网站商城管理人员进行交流，以便获得更好的服务。点击图 7-1 左边的"常规设置"，展开面板后再点击"在线客服管理"，出现图 7-29 所示的在线客服管理页面。

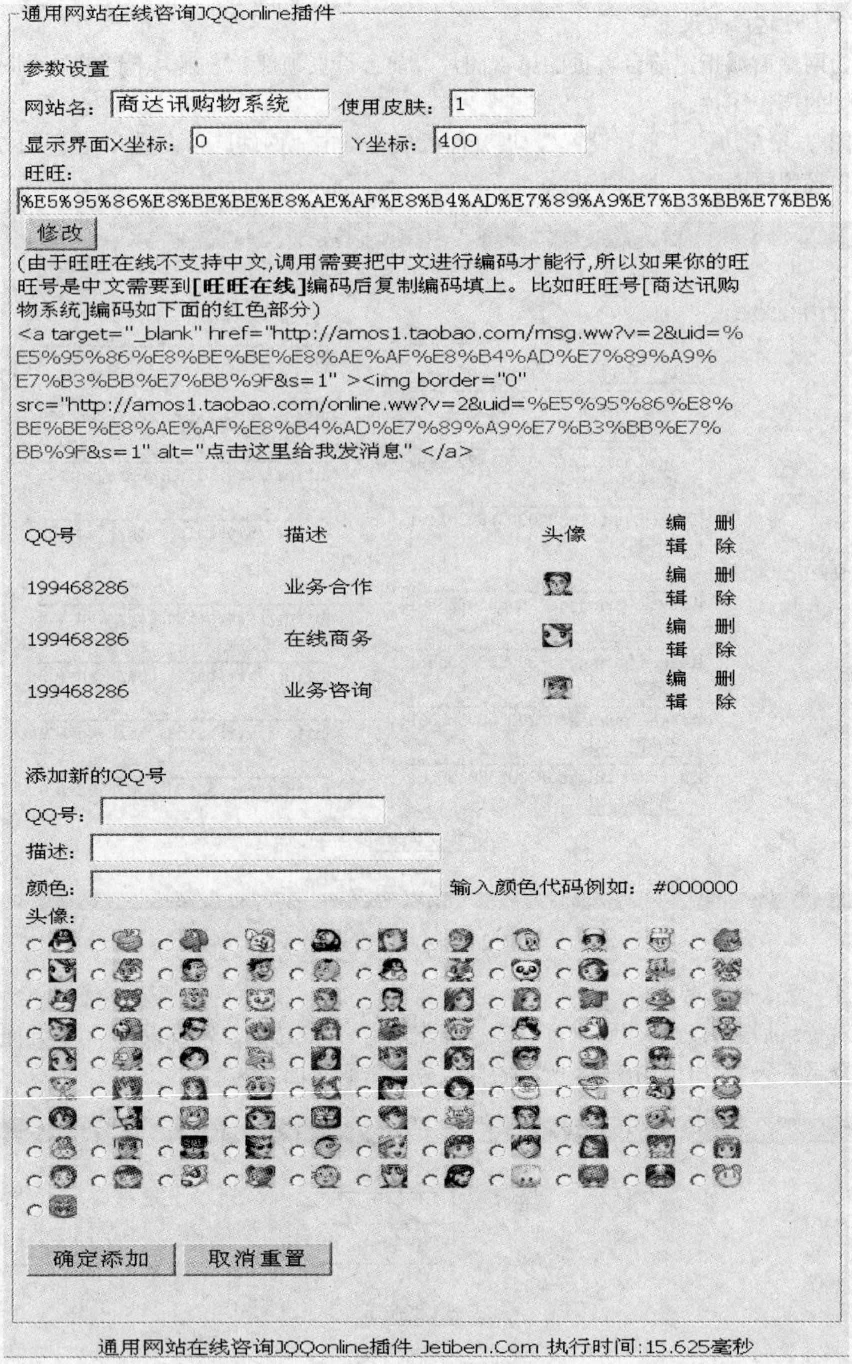

通用网站在线咨询JQQonline插件

参数设置

网站名: 商达讯购物系统　　使用皮肤: 1

显示界面X坐标: 0　　　　　Y坐标: 400

旺旺:

%E5%95%86%E8%BE%BE%E8%AE%AF%E8%B4%AD%E7%89%A9%E7%B3%BB%E7%BB%

修改

(由于旺旺在线不支持中文,调用需要把中文进行编码才能行,所以如果你的旺旺号是中文需要到[旺旺在线]编码后复制编码填上。比如旺旺号[商达讯购物系统]编码如下面的红色部分)

<a target="_blank" href="http://amos1.taobao.com/msg.ww?v=2&uid=%E5%95%86%E8%BE%BE%E8%AE%AF%E8%B4%AD%E7%89%A9%E7%B3%BB%E7%BB%9F&s=1" ><img border="0" src="http://amos1.taobao.com/online.ww?v=2&uid=%E5%95%86%E8%BE%BE%E8%AE%AF%E8%B4%AD%E7%89%A9%E7%B3%BB%E7%BB%9F&s=1" alt="点击这里给我发消息." </a>

QQ号	描述	头像	编辑	删除
199468286	业务合作		编辑	删除
199468286	在线商务		编辑	删除
199468286	业务咨询		编辑	删除

添加新的QQ号

QQ号:

描述:

颜色:　　　　　　　　　　　　输入颜色代码例如: #000000

头像:

确定添加　　取消重置

通用网站在线咨询JQQonline插件 Jetiben.Com 执行时间:15.625毫秒

图 7-29　修改登录密码

　　值得注意的是，由于该 QQ 客服功能使用的是通用网站在线咨询插件 QQonline，因此需要接入 Internet 才能使用。

7.5.3.6　访问统计管理

　　访问统计管理可以统计网站和服务器数据。点击图 7-1 左边的"常规设置"，展开面板后再点击"访问统计管理"，出现图 7-30 所示的访问统计管理页面。

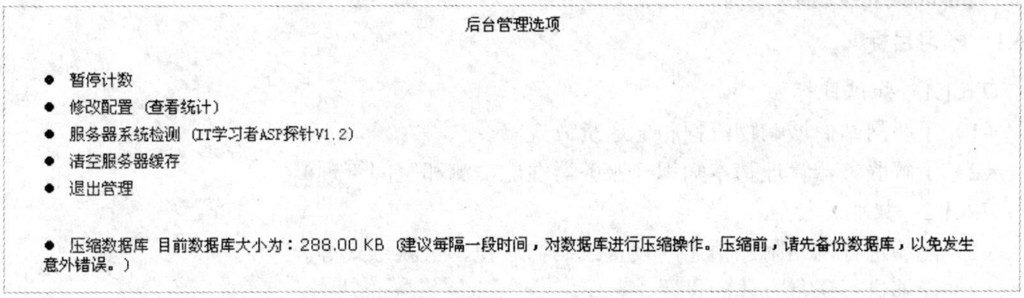

后台管理选项

- 暂停计数
- 修改配置（查看统计）
- 服务器系统检测（IT学习者ASP探针V1.2）
- 清空服务器缓存
- 退出管理

- 压缩数据库 目前数据库大小为：288.00 KB （建议每隔一段时间，对数据库进行压缩操作。压缩前，请先备份数据库，以免发生意外错误。）

图 7-30　访问统计管理

点击修改配置旁边的"查看统计"，打开图 7-31 所示的页面，可以查看对网站各项参数的统计情况。

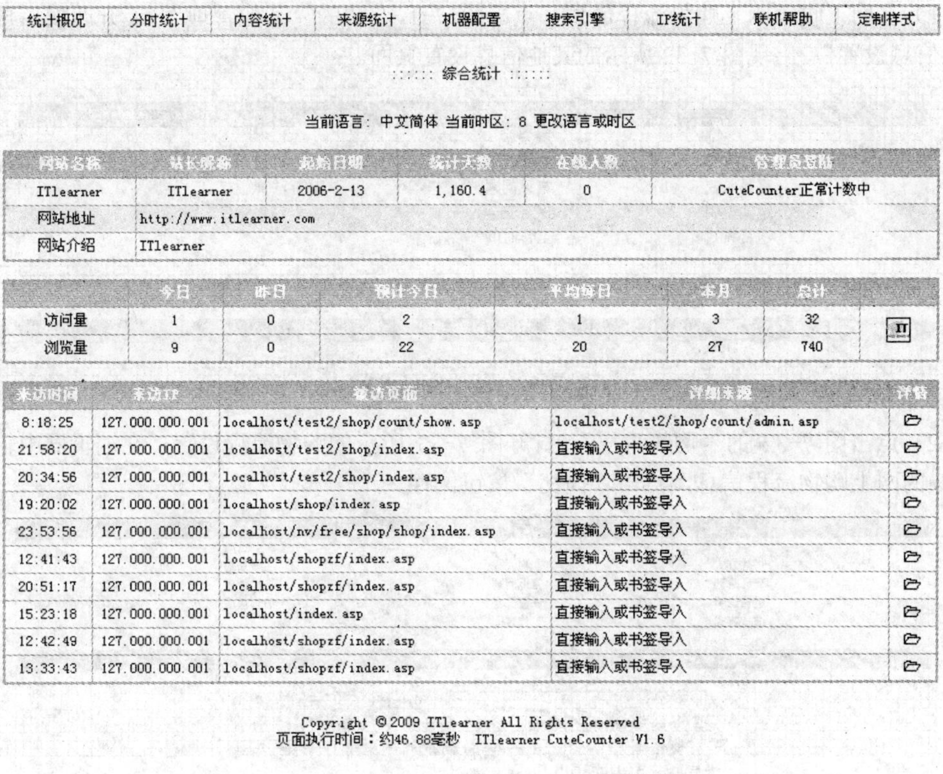

统计概况	分时统计	内容统计	来源统计	机器配置	搜索引擎	IP统计	联机帮助	定制样式

:::::: 综合统计 ::::::

当前语言：中文简体 当前时区：8 更改语言或时区

网站名称	链长昵称	起始日期	统计天数	在线人数	管理员登陆
ITlearner	ITlearner	2006-2-13	1,160.4	0	CuteCounter正常计数中
网站地址	http://www.itlearner.com				
网站介绍	ITlearner				

	今日	昨日	预计今日	平均每日	本月	总计	
访问量	1	0	2	1	3	32	IT
浏览量	9	0	22	20	27	740	

来访时间	来访IP	接访页面	详细来源	详情
8:18:25	127.000.000.001	localhost/test2/shop/count/show.asp	localhost/test2/shop/count/admin.asp	
21:58:20	127.000.000.001	localhost/test2/shop/index.asp	直接输入或书签导入	
20:34:56	127.000.000.001	localhost/test2/shop/index.asp	直接输入或书签导入	
19:20:02	127.000.000.001	localhost/shop/index.asp	直接输入或书签导入	
23:53:56	127.000.000.001	localhost/nv/free/shop/shop/index.asp	直接输入或书签导入	
12:41:43	127.000.000.001	localhost/shopzf/index.asp	直接输入或书签导入	
20:51:17	127.000.000.001	localhost/shopzf/index.asp	直接输入或书签导入	
15:23:18	127.000.000.001	localhost/index.asp	直接输入或书签导入	
12:42:49	127.000.000.001	localhost/shopzf/index.asp	直接输入或书签导入	
13:33:43	127.000.000.001	localhost/shopzf/index.asp	直接输入或书签导入	

Copyright © 2009 ITlearner All Rights Reserved
页面执行时间：约46.88毫秒　ITlearner CuteCounter V1.6

图 7-31　查看统计

服务器系统检测是利用 IT 学习者 ASP 探针 V1.2 对服务器参数进行检测，需要接入 Internet 才能使用。

清空服务器缓存是在服务器故障或数据不能刷新的情况下使用的。

退出管理可以退出后台系统。

7.5.4　网站商城构件常规设置使用技能拓展

为紫日茶叶网站商城设计或收集广告图片，并在前台主页面左侧显示广告。

7.6　商城其他设置

7.6.1　学习目标

7.6.1.1　知识目标

（1）了解网站商城购物流程和配送货方式。

（2）了解服务器管理基本知识（服务器性能检测和空间管理）。

7.6.1.2　技能目标

（1）能够进行网站附加信息的设置（购物流程、付款方式等）。

（2）能够进行送货方式的设置。

（3）能够进行文字及图片友情链接的设置。

（4）能够查看服务器参数及网站空间。

7.6.2　网站商城构件其他设置操作

（1）在网上收集网上购物流程信息，点击图 7-1 左边的"其他管理"，展开面板后再点击"其他信息设置"，出现图 7-32 所示的其他信息设置页面。

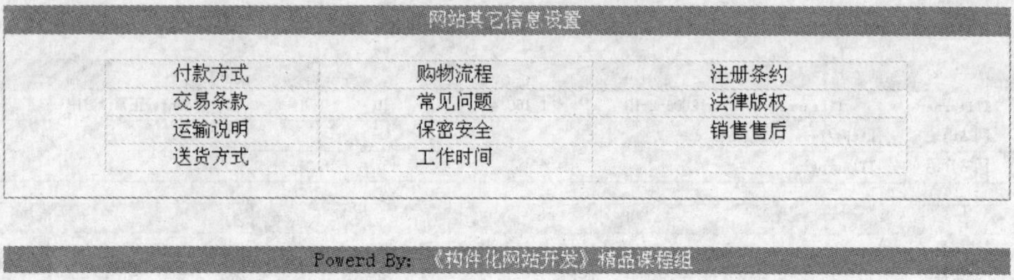

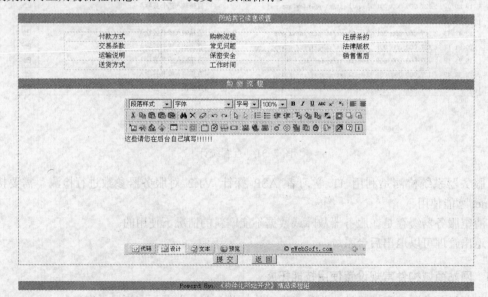

图 7-32　其他信息设置

（2）点击图 7-32 的"购物流程"，打开图 7-33 所示的购物流程设置，在编辑器中输入网上收集的网上购物流程信息，点击"提交"按钮保存。

图 7-33　购物流程设置

（3）点击图 7-1 左边的"其他管理"展开后的 "送货汇款设置"，打开图 7-34 送货汇款设置页面，在"增加送货方式"一栏，添加"协同送货"，加收金额 10 元。

图 7-34　送货汇款设置

（4）点击图 7-1 左边的"其他管理"展开后的 "文字友情链接"，打开图 7-35 文字友情链接页面，在"添加合作伙伴"一栏，添加"新浪网"，网站地址 "http://www.sina.com"。

图 7-35　文字友情链接

7.6.3　网站商城构件其他设置功能

"其他管理"面板提供了以下功能：

（1）其他信息设置。其他信息设置是指付款方式、购物流程、注册条约、交易条款、常见问题、法律版权、运输说明、保密安全、销售售后、送货方式、工作时间等。设置完成后可在前台页面的相应位置显示设置的信息。

（2）送货汇款设置。送货汇款设置是设置送货方式，前台购买用户可以选择相应的送货方式。

（3）文字友情链接。文字友情链接是以文字方式在前台显示相应的链接，点击链接网址可以链接到相应网站。

（4）图片友情链接。图片友情链接是以图片方式在前台显示相应的链接，点击链接图片可以链接到相应网站。点击图 7-1 左边的"其他管理"，展开面板后再点击"图片友情链接"，出现图 7-36 所示的图片友情链接页面。

图 7-36　图片友情链接

（5）探测远程服务器。点击图 7-1 左边的"其他管理"，展开面板后再点击"探测远程服务器"，可以查看服务器的参数及组件支持情况。表 7-4 显示了服务器的有关参数，表 7-5～表 7-8 显示了组件支持情况。

表 7-4　服务器的有关参数

服务器名	localhost
服务器 IP	127.0.0.1
服务器端口	80
服务器时间	2009-4-17 16:32:44
IIS 版本	Microsoft-IIS/6.0
脚本超时时间	90 秒
本文件路径	D:\test2\shop\admin\chkserver.asp
服务器 CPU 数量	个
服务器解译引擎	VBScript/5.6.8827
服务器操作系统	

表 7-5　IIS 自带的 ASP 组件

组 件 名 称	支持及版本
MSWC.AdRotator	√
MSWC.BrowserType	√ 6.0
MSWC.NextLink	√ MSWC 内容链接对
MSWC.Tools	✗

续表 7-5

组 件 名 称	支持及版本
MSWC.Status	✗
MSWC.Counters	✗
IISSample.ContentRotator	✗
IISSample.PageCounter	✗
MSWC.PermissionChecker	✗
Scripting.FileSystemObject (FSO 文本文件读写)	✓
adodb.connection (ADO 数据对象)	✓ 2.8

表 7-6　常见的文件上传和管理组件

组 件 名 称	支持及版本
SoftArtisans.FileUp (SA-FileUp 文件上传)	✗
SoftArtisans.FileManager (SoftArtisans 文件管理)	✗
LyfUpload.UploadFile (刘云峰的文件上传组件)	✗
Persits.Upload.1 (ASPUpload 文件上传)	✗
w3.upload (Dimac 文件上传)	✗

表 7-7　常见的收发邮件组件

组 件 名 称	支持及版本
JMail.SmtpMail (Dimac JMail 邮件收发)	✗
CDONTS.NewMail (虚拟 SMTP 发信)	✗
Persits.Mailgraph2er (ASPemail 发信)	✗
SMTPsvg.Mailer (ASPmail 发信)	✗
DkQmail.Qmail (dkQmail 发信)	✗
Geocel.Mailer (Geocel 发信)	✗
IISmail.Iismail.1 (IISmail 发信)	✗
SmtpMail.SmtpMail.1 (SmtpMail 发信)	✗

表 7-8　图像处理组件

组 件 名 称	支持及版本
SoftArtisans.ImageGen (SA 的图像读写组件)	✗
W3Image.Image (Dimac 的图像读写组件)	✗

如果需要查看其他服务器是否支持其他组件，在图 7-37 所示的其他组件支持情况检测中输入要检测的组件编号即可。

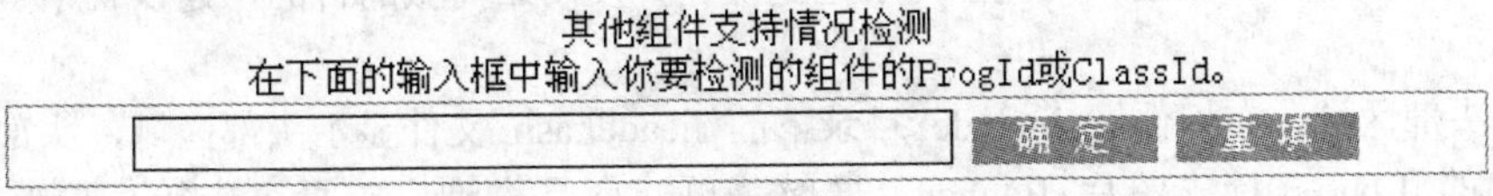

其他组件支持情况检测
在下面的输入框中输入你要检测的组件的ProgId或ClassId。

确 定　重 填

图 7-37　其他组件支持情况检测

（6）网站空间查看。点击图 7-1 左边的"其他管理"，展开面板后再点击"网站空间查看"，打开图 7-38 所示的网站空间查看页面，可以查看网站占用空间的情况。

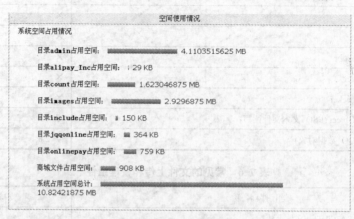

图 7-38   网站空间查看

7.6.4   网站商城构件其他设置使用技能拓展

如果网站空间随着销售的增长，服务器提供的空间不能满足网站运行的要求，有哪些可以解决的方法？将你设计的解决方案在网站商城中实施。

7.7   网站商城前台主页面设计

7.7.1   学习目标

7.7.1.1   知识目标

（1）了解网站页面的设计与布局知识。

（2）了解网站前台页面与后台管理之间的关系。

7.7.1.2   技能目标

（1）能够进行网站页面的分块布局。

（2）能够合理使用各模块区域的显示文件。

7.7.2   网站商城构件前台主页面设计操作

（1）登录后台，点击图 7-1 左边的"常规设置"，展开面板后再点击"网站初始化设置"，出现图 7-25 所示的网站初始化设置页面。

（2）将网站 Logo 和 Banner 修改为"紫日茶叶公司" Logo 和 Banner。

7.7.3   网站商城构件前台主页面构成

网站商城构件的前台显示主页面如图 7-39 所示。整个页面分为 10 个区域，各区域情况如图 7-40 所示。

用户可以根据需要修改布局，但为了达到快速开发网站商城的目的，建议初学者不要更改页面布局。

（1）头部区域。在构件的 include 目录下的 header.asp 文件显示头部区域，头部区域主要显示网站的 Logo、标志图片 Banner、导航菜单、商品查询、首页公告等。要修改网站的 Logo、标志图片 Banner、首页公告，可按 7.5 节操作进行。

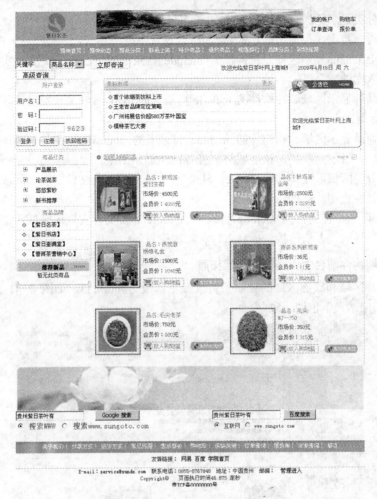

图 7-39 前台主页面

头部区域（include/header.asp）		
用户登录区域（login.asp）	最新新闻显示区域（include/newscast.asp）	滚动公告显示区域（include/notice.asp）
商品分类显示区域（include/pronav.asp）	最新上架商品显示区域（include/12new.asp）	
商品品牌显示区域（include/marks.asp）		
推荐商品显示区域（include/10new.asp）		
图片分隔区域（images/bottnew.gif）		
底部区域（include/footer.asp）		

图 7-40 网站商城构件的前台主页面布局

（2）用户登录区域。在构件的当前目录下的 login.asp 文件实现该区域，用户登录区域是前台用户的注册与登录区域。客户只有注册后才能成为会员，享受积分累加与优惠。

（3）最新新闻显示区域（include/newscast.asp）。在构件的 include 目录下的 newscast.asp 文件实现该区域，该区域显示网站商城的最新信息。

（4）滚动公告显示区域。在构件的 include 目录下的 notice.asp 文件实现该区域，滚动公告在 7.4 节设置。

（5）商品分类显示区域。在构件的 include 目录下的 pronav.asp 文件实现该区域，该区域显示商品的大类，点击大类前面的"+"号，可以查看小类。

（6）最新上架商品显示区域。在构件的 include 目录下的 12new.asp 文件实现该区域，该区域显示最新入库的商品。

（7）商品品牌显示区域。在构件的 include 目录下的 marks.asp 文件实现该区域，该区域显示 7.1 节的商品类别。

（8）推荐商品显示区域。在构件的 include 目录下的 10new.asp 文件实现该区域，如果在 7.2 节设置商品为"推荐商品"，该区域将把推荐商品显示出来。

（9）图片分隔区域。在构件的 images 目录下的 bottnew.gif 文件实现该区域，可根据布局及色彩修改或替换该图片文件。

（10）底部区域。在构件的 include 目录下的 footer.asp 文件实现该区域，该区域主要显示搜索引擎链接、导航、友情链接、后台入口、版权信息等。

7.7.4　网站商城构件前台主页面设计技能拓展

（1）将头部区域和底部区域的导航条背景颜色修改为#66FF33，如图 7-41 所示，使之与"紫日产业公司网站"主色调一致。

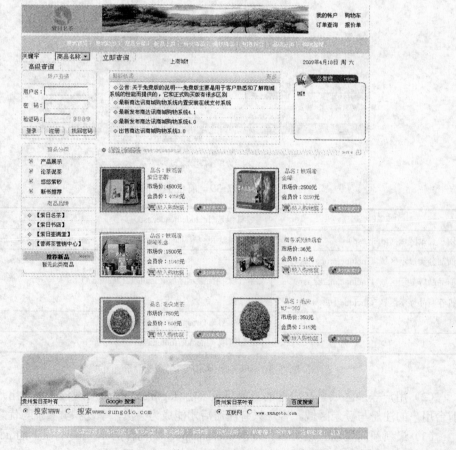

图 7-41　修改后前台主页面

（2）在头部区域导航栏"商城首页"的前面增加"网站首页"，点击它可以返回"紫日茶叶公司"首页。

8 网站的测试与发布

8.1 "紫日茶叶公司"网站的测试

8.1.1 学习目标

8.1.1.1 知识目标

（1）了解网站测试的目的。

（2）了解网站测试的主要内容。

（3）了解网站测试的方法。

8.1.1.2 技能目标

（1）能对网站进行测试。

（2）能撰写网站测试报告。

8.1.2 网站测试步骤

（1）在本机配置好网站虚拟目录，打开开发完成的"紫日茶叶公司"网站。

（2）检查网站各个页面间的链接是否正常，并做好如下检查：

1）文字、图片是否有误？

2）网页是否出现乱码？

3）网页元素定位是否准确？

4）浏览速度和视觉效果是否满意？

（3）在项目小组中进行测试。通过小组谈论方式对开发完成的"紫日茶叶公司"网站进行如下测试：

1）每个页面的风格、颜色搭配、页面布局、文字的字体和大小等方面与网站的整体风格是否统一、协调？

2）各种链接所放的位置是否合适？

3）页面切换是否简便？

4）对于当前的访问位置是否有明确的提示？

（4）在实训室（计算机房），将完成的"紫日茶叶公司"网站安装在服务器上，安排多个用户访问网站，对网站负载进行测试。

（5）把上述测试结果填写在表 8-1 中，形成网站测试报告。注意，在表 8-1 中，测试问题分模块填写，编号按 1，2，3……顺序编排，为了准确表达错误位置，可以附上截图说明。

表 8-1 网站测试报告

项目名称		报告提交时间	
测试报告提供人		联系方式	
报告修改人		联系方式	
开始修改时间		结束时间	

管理员账号		管理员密码	
模块名称:			
编号			
错误位置(url)			
错误描述			
修改建议			
修改结果			
修改结果备注			

8.1.3　网站测试简介

（1）网站测试的目的。网站测试的主要目的是以最少的时间和人力找出系统中潜在的各种错误和缺陷，同时通过测试检测系统的功能和性能是否满足系统需求，建设的网站是否实现了规划的预期目标、是否能够满足业务流程的要求、界面是否友好、操作是否简单方便、输入与输出的数据信息是否准确流畅等问题。

（2）网站测试的主要内容。网站测试的主要内容包括运行速度、兼容性、交互性、链接正确性、程序健壮性、流量等方面的测试。

（3）网站测试的方法。从是否需要执行被测软件的角度划分，网站测试方法可分为静态测试和动态测试。从测试是否针对系统的内部结构和具体实现算法的角度来看，网站测试方法可分为白盒测试和黑盒测试。

（4）软件测试工具的使用。网站测试可以使用 Dreamweaver 和其他软件测试工具，但应对软件测试的结果进行合理分析，以便找出问题的原因。

8.1.4　网站测试

尝试利用 Dreamweaver 对"紫日茶叶公司"网站进行测试。

（1）检查链接。利用 Dreamweaver 提供的"链接检查器"可以方便地检查错误链接，点击菜单"站点"→"检查站点范围的链接"。

修改错误链接的方法是：在"链接检查器"选项卡中选中要修改链接的文件，单击按钮，然后选择正确的链接，单击"确定"按钮即可。也可以在文本框中直接输入正确的链接。

（2）检查目标浏览器。由于不同的浏览器显示的效果不一定完全相同，需要对此进行测试。检查目标浏览器的方法是：在 Dreamweaver 主窗口中，单击菜单"文件"→"检查页"→"检查目标浏览器"。

（3）验证标记。在 Dreamweaver 主窗口中，单击菜单"文件"→"检查页"→"验证标记"。

（4）创建网站报告。Dreamweaver 能够自动检测网站内部的网页文件，生成关于文件信息、HTML 代码信息的报告，以便网站设计者对网页文档进行修改。

在 Dreamweaver 主窗口中，单击菜单"站点"→"报告"，弹出"报告"对话框。在"报告在"下拉列表框中选择生成站点报告的范围，可以是当前文档、整个当前本地站点、站点中的已选文件或文件夹。根据需要选择复选框，然后单击"运行"按钮，生成网站报告。

8.2 "紫日茶叶公司"网站的发布

8.2.1 学习目标

8.2.1.1 知识目标

（1）了解域名的基本知识。

（2）了解常用的 Web 服务方式。

8.2.1.2 技能目标

（1）能进行一个域名的申请。

（2）能根据网站实际情况选择合适的 Web 服务方式。

8.2.2 网站发布操作

（1）为网站申请域名。按照域名的命名规则，为网站准备好若干个合适的域名，按照优先次序进行申请。原则上保证网站拥有一个容易记忆、友好的域名。

（2）选择 Web 服务。网站在成立之初，数据量一般不会太大，网速要求一般，可以先采用虚拟主机的方式提供 Web 服务。值得注意的是，由于网站构件是使用 ASP+Access 数据库的源码构件，因而 ISP（Web 服务提供商）提供的服务应满足此要求，否则网站无法运行。以后随着业务的发展、数据量的增大、客户对网速要求的提高，可以考虑将服务方式改为主机托管方式或者自建 Web 服务。

（3）发布网站。在域名申请成功，选择 Web 服务之后，就可以发布网站了。发布工具的使用，用户可以根据自己的习惯进行选择，也可按 ISP 要求进行。

（4）网站发布后，还必须对网站进行性能测试，检查网站是否能够达到设计的性能。

8.2.3 网站发布过程

8.2.3.1 申请域名

要想拥有属于自己的网站，则必须拥有一个域名。域名是 Internet 上的名字，由若干英文字母和数字组成，由"."分隔成几部分，如 www.163.com。

8.2.3.2 申请空间

如果网站的页面设计已完成，网站的属性也已经设置好，接下来就是发布网站。如果本地计算机就是一个 Web 服务器，则可以将网站通过本地开设的 Web 服务器进行发布。但是对于大多数用户来说，在本地开设 Web 服务器，不仅成本较高，而且维护起来比较麻烦，所以大多数用户都是到网上寻找主页空间。目前，网络上提供的主页空间有两种形式：收费的主页空间和免费的主页空间。免费的主页空间不稳定，建议使用收费的主页空间。

主页空间的选择有如下几种形式：

（1）租赁空间服务（虚拟主机）。虚拟主机是指采用特殊的软硬件技术，把一台真正的主机分为若干台主机对外提供服务，每一台虚拟主机都可以具有独立的域名和地址，具有完整的互联网服务器（WWW、FTP、E-mail）等功能。

对于一般的小型企业、组织而言，建立网站的首要目的就是树立企业形象、宣传企业的产品和服务、信息量相对较少，最适合采用虚拟主机这种方式。

（2）ASP 外包服务。ASP（Application Service Provider，应用服务供应商）作为一种业务模式，是指在共同签署的外包协议或合同的基础上，企业客户将其部分或全部与业务流程的相关应用委托给服务提供商，由服务提供商通过网络管理和交付服务并保证质量的商业运作模式。

（3）主机托管服务。主机（服务器）托管是客户自身拥有一台服务器，并把它放置在 ISP 机房内租用的机架上，由客户自己进行维护，或者是由其他的签约人进行远程维护。

主机托管与虚拟主机的区别是：

1）主机托管是用户独享一台服务器，而虚拟主机是多个用户共享一台服务器。

2）主机托管用户可以自行选择操作系统，而虚拟主机用户一般只能选择指定范围内的操作系统。

3）主机托管用户可以自己设置硬盘，创造几十 G 以上的空间，而虚拟主机空间则相对狭小。

（4）自建 Web 服务。自己架设服务器，由自己维护服务器，这对大企业、访问量大的网站、保密性高的网站是最好选择。但自建 Web 服务有利也有弊。

自建 Web 服务具有以下优点：

1）用户可以培养、锻炼自己的技术支持队伍。

2）用户可全权控制网络、服务器及保安。

3）用户可以自己选择设备品牌。

4）用户可以自己选择机房地点。

自建 Web 服务也有许多不足的地方：

1）自建 Web 服务要建立并管理一个网络工程师的队伍，这种费用是非常高昂的。

2）需要申请高速专线，需要昂贵的月租费。

3）需要购买大量价格昂贵的供电设备和专用的空调设备。

4）运营环境有非常高的要求。

根据"紫日茶叶公司"网站的基本情况，在第一阶段可以采用虚拟主机的方式运行网站。可以在中国万网上为"紫日茶叶公司"网站申请虚拟主机服务。

8.2.3.3　发布站点

发布一个站点就是将做好的文件复制到一个目的地，即运行网站的服务器上。上传网页一般可以通过 E-mail 上传和通过 FTP 上传。

8.2.4　网站发布技能拓展

Dreamweaver 自带 FTP 上传功能，使用 Dreamweaver 的 FTP 功能必须先设置远程服务器。操作步骤如下：

（1）启动 Dreamweaver ，打开"文件"面板，在本地站点浏览窗口选择上传的文件或文件夹，然后单击"上传文件"按钮，上传文件。

（2）如果在上传之前没有设置过远程服务器，会弹出提示定义远程服务器的对话框。

（3）单击"是"按钮，打开定义站点对话框，需要根据主页空间的类型选择合适的服务器类型，这里选择"FTP"。

（4）选择"FTP"后，填写"FTP 主机"地址，该地址是由申请的主页空间提供的。

（5）网站上传完成后，单击站点管理器上方的"展开以显示本地和远端站点"按钮，就可以看到站点文件已被上传到主机目录中了。

冶金工业出版社部分图书推荐

书　名	作　者	定价（元）
网络信息安全技术基础与应用	庞淑英	21.00
系统安全评价与预测	陈宝智	20.00
微型计算机控制系统	孙德辉	30.00
计算机病毒防治与信息安全知识 300 问	张　洁	25.00
计算机实用软件大全	何培民	159.00
Visual FoxPro 中 Windows API 调用技术与应用实例	刘安平	49.00
基于神经网络的智能诊断	虞和济	48.00
计算机控制系统	顾树生	29.00
轧制过程的计算机控制系统	赵　刚	25.00
网络制造模式下的分布式测量系统建模与优化技术	罗小川	27.00
基于 Web 冲压工艺智能决策与分散资源集成应用平台研究	王贤坤	18.00
计算机文化基础实验及试题	关启明	16.80
电脑常用操作技能	柳钢(集团)高级技工学校	26.00
自动控制原理（第 4 版）	王建辉	32.00
自动控制原理习题详解	王建辉	18.00
自动检测技术（第 2 版）	王绍纯	26.00
可编程序控制器及常用控制电器	何友华	30.00
可编程序控制器原理及应用系统设计技术（第 2 版）	宋德玉	26.00
电力拖动自动控制系统（第 2 版）	李正熙	35.00
自动检测和过程控制（第 3 版）	刘元扬	36.00
自动控制系统（第 2 版）	刘建昌	15.00
轧制过程的计算机控制系统	赵　刚	25.00
材料成形计算机模拟	辛启斌	17.00
机电一体化技术基础与产品设计	刘　杰	38.00
智能控制原理及应用	张建民	29.00
过程检测控制技术与应用	朱晓青	34.00
电力系统微机保护	张明君	18.00
电工与电子技术（第 2 版）	荣西林	49.00
电工与电子技术学习指导	张　石	29.00
电子产品设计实例教程	孙进生	20.00
电路实验教程	李书杰	19.00
冶金过程检测与控制（职教教材）	郭爱民	20.00
参数检测与自动控制（职教教材）	李登超	45.00
工厂电气控制设备（职教教材）	赵秉衡	20.00
电气设备故障检测与维护（职业培训教材）	王国贞	28.00